U0056632

アロマ調香レッスン

天然精油
調香學

教你捕捉香氣意象
掌握多層次調性變化

瑞昇文化

Contents

Part 6　讓心中的香氣成真

4

Part 7　精油檔案　　精油一覽　166

〈柑橘調〉
苦橙
枸櫞（香水檸檬）
佛手柑
萊姆
檸檬
甜橙
葡萄柚
紅柑
柑橘
柚子

〈草本調〉
香茅
檸檬葉
山雞椒（馬告）
香蜂草（檸檬香蜂草）
檸檬草（東印度檸檬草）
胡椒薄荷
綠薄荷
野薄荷
龍艾
八角
羅勒
茴香
歐白芷（當歸）
羅馬洋甘菊

快樂鼠尾草
百里香
茶樹
薰衣草
綠花白千層
甜馬鬱蘭
香桃木
藍膠尤加利
檸檬尤加利
桉油醇迷迭香
月桂葉
芳樟
花梨木

〈花香調〉
天竺葵
玫瑰草（馬丁香茅）
純質玫瑰（玫瑰原精）
奧圖玫瑰
依蘭依蘭
大花茉莉
橙花原精
（Orange Blossom）
橙花精油（Neroli）
苦橙葉
晚香玉
小花茉莉

白玉蘭
金合歡（脂吸法）
黃水仙
鷹爪豆（西班牙金雀花）
水仙
銀合歡（銀荊）

〈綠香調〉
白松香
萬壽菊
紫羅蘭葉
薰陸香（乳香黃連木）
白玉蘭葉

〈果香調〉
桂花
印蒿
黑醋栗

〈辛香調〉
多香果
丁香
肉桂（錫蘭肉桂）
欖香脂
杜松子
黑胡椒
粉紅胡椒

5

小荳蔻　　　　　　　西伯利亞冷杉　　　　　〈琥珀調〉
藏茴香（葛縷籽）　　玉檀木　　　　　　　　勞丹脂
孜然（小茴香）　　　乳香　　　　　　　　　紅沒藥
芫荽籽（胡荽籽）　　沒藥　　　　　　　　　祕魯香脂
番紅花　　　　　　　橡苔　　　　　　　　　吐魯香脂
薑　　　　　　　　　　　　　　　　　　　　安息香
芹菜籽　　　　　　　〈皮革調〉
肉豆蔻　　　　　　　岩玫瑰　　　　　　　　〈爽身粉調〉
　　　　　　　　　　蘇合香　　　　　　　　蠟菊
〈木質調〉　　　　　樺木　　　　　　　　　鳶尾花
檀香　　　　　　　　　　　　　　　　　　　德國洋甘菊
維吉尼亞雪松　　　　〈美食調〉　　　　　　胡蘿蔔籽
檜木　　　　　　　　可可　　　　　　　　　零陵香豆
岩蘭草　　　　　　　咖啡
廣藿香　　　　　　　香草　　　　　　　　　〈麝香〉
絲柏　　　　　　　　蜂蠟　　　　　　　　　黃葵籽
大西洋雪松
松針

新版序

　　這一次的全新修訂版稍加調整了原本的說明內容，也補充介紹幾種配方與初版中未記載的精油，希望能進一步傳遞天然香氛的美好與調香的樂趣。

　　自初版問世以來，世界驟變，唯有花葉草木安然如故，芬芳如常。當我們大口吸入香氣時總能感到幸福、安心，還有些感慨。蒐集香氣並嘗試創作的樂趣是永無止盡的。

　　願日日與香氣共處的你，也能將幸福的時光喚來身邊。

新間美也

Part 1　　基礎知識

精油調香課
開始之前

何謂精油調香

香氣能療癒心靈，替我們提神打氣。

花草樹木與辛香料充分吸收了太陽與大地的恩惠後所散發的香氣，能帶給我們無垠的喜悅。

假如你平常有在接觸芳療，想必已懂得善用香氣的力量增添日常生活的樂趣。但我相信即使是毫無經驗的讀者，對於香氣不可思議的魅力也早已了然於心。

本書介紹的調香法旨在活用天然香氣的魅力，並且從精油（天然香料）調香的角度切入，進行深入淺出的講解。無論你是香氛達人還是初次接觸香氣的新手，都能輕易消化內容。

常常有人問我，只用精油會不會很難調出理想中的香氣？不用擔心，我會說明調香時如何剖析香氣立體結構，如何連結香氣與想像，並介紹大量容易應用的範例。

除此之外，我還會介紹多款知名香水的模擬配方。讀者不妨參閱「精油檔案」，從將近100種香氣的資訊中尋找靈感。

我以自己在法國所學的正統香氛知識為基礎，設計了一套專屬於天然香料（精油）的調香法。我也會談到有系統的訓練方法，幫助讀者培養自在操縱香氛的能力，創作出理想香氛。

純天然精油調製的「個人專屬香水」好就好在使用時能體會到自己親手製作的快樂，而這份快樂當中肯定也包含了成就感與安心感。

希望能透過這一堂調香課推廣香氣的魅力，也期許讀者從中找到調香的樂趣。

　　我希望盡量多介紹一些香氣的可能性，所以會用到很多種精油。不過各位在調香時選擇自己原有的或方便取得的精油即可。

　　精油在調配之前，建議先用無水酒精稀釋至10％、5％、1％的濃度。每種精油的適切濃度請見Part 7「精油檔案」。提醒各位，本書配方使用的香氣原料（以下簡稱香料）皆已事先稀釋至適切濃度。

　　稀釋的理由是為了鑑賞精油本身的香氣，因為精油的香氣需要稀釋才能釋放、擴散開來。另一個好處是能節約使用珍貴、昂貴的精油。

　　請替每種精油準備專用的滴管。因為使用過的滴管即使以殺菌力、清潔力都很強的無水酒精清洗，也很難完全消除殘留的氣味，所以每種精油最好都有自己專用的滴管。

　　調香環境應確保溫濕度穩定且無風，並選在一張乾淨又不怕弄髒的桌子上作業，因為無水酒精或精油可能使部分材質的桌子變質。調香之前請務必將環境整頓周全，並且小心別沾到衣物。

　　本書編排的調香課分成初級篇、中級篇、應用篇、進階篇4大部分。

初級篇	**運用金字塔設計香氣**
	將香氣比作金字塔，立體剖析香氣結構的調香法
中級篇	**調配各類型香氣的方法**
	掌握香氣性質並分別調製7種香氣類型的調香法
應用篇	**根據意象設計配方**
	將香氣連結使用者個性與其聯想的調香法
進階篇	**效仿名牌香水**
	參考人氣名牌香水的配方

香氣説明圖表

為幫助讀者迅速掌握香氣的印象,我會用到下面這張以立體形式表現香氣的圖表。

香氣金字塔

香氣金字塔顯示了香氣的持久度與感受上的相對位置關係,我會以此說明如何剖析香氣的立體結構並調配香氣。

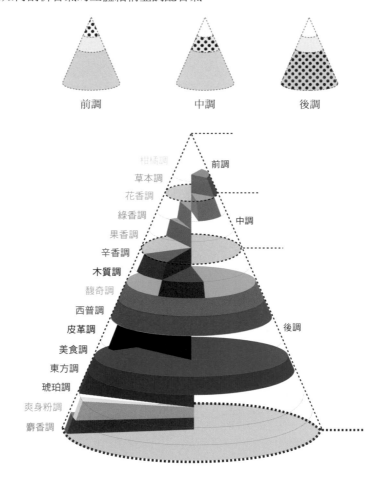

前調　　　　　　中調　　　　　　後調

柑橘調
草本調
花香調　　　　　　　　前調
綠香調
果香調　　　　　　　　中調
辛香調
木質調
馥奇調
西普調
皮革調
美食調　　　　　　　　後調
東方調
琥珀調
爽身粉調
麝香調

香調盤

　香調盤是從香氣金字塔正上方俯瞰的狀態。各種香氣的調性與類型所代表的顏色與圖表上的位置如下，Part 3會進行更進一步的解說。

◎香調

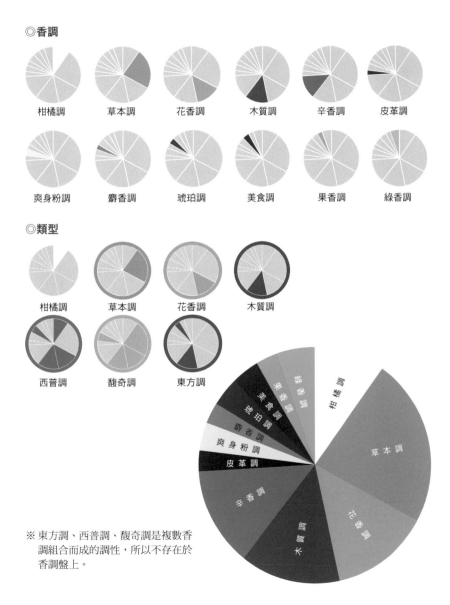

柑橘調　　草本調　　花香調　　木質調　　辛香調　　皮革調

爽身粉調　麝香調　　琥珀調　　美食調　　果香調　　綠香調

◎類型

柑橘調　　草本調　　花香調　　木質調

西普調　　馥奇調　　東方調

果香調　綠香調　柑橘調

美食調

琥珀調　　　　　　　　　草本調

麝香調

爽身粉調

皮革調

辛香調　　　　　　　花香調

木質調

※ 東方調、西普調、馥奇調是複數香調組合而成的調性，所以不存在於香調盤上。

準備材料

精油

裝稀釋精油的瓶子
（容量皆為3ml以上）

無水酒精

裝調配成品的瓶子
（容量皆為3ml以上）

滴管
（玻璃或PE塑膠製）

玻璃滴管可以用無水酒精清洗乾淨，PE塑膠滴管則容易殘留香氣，所以必須替每個種類的精油各自準備專用滴管。

標籤
標示名稱與製作日期

試香紙
協助我們準確賞析香氣的試紙

精油

「精油」是這堂調香課的主角。

我們口中的精油（Essential Oil）或稱香氛油（Aroma Oil），是大自然賜給我們的香氣原料。

雖然精油送到各位手上時已經裝在遮光瓶裡，瓶外也印上品牌名稱，不過追本溯源，這些精油最早都是農民培育的天然原物料，後來賣給香料公司後才由各廠商萃取、製成商品。

因此挑選精油時有2點需要特別注意。

① 原料產地
② 香料公司、精油廠牌

即使原料都是薰衣草，不同產地的薰衣草香氣也不一樣。而且薰衣草就像葡萄酒，不同收成年分的品質也不盡然一致，每一批收穫的香氣難免有落差，因此採購天然香料的香料公司必須嚴格把關原料品質，將每一批精油的香氣表現控制在一定水準上。

倘若精油的香氣差異太大，我們這些精油使用者就無法依照同一套配方（處方）調出相同的香氣。所以站在香水原料製造商和調香師的立場，進貨的香料公司必須慎選再慎選。

面對這種狀況，有些精油廠牌會依自己的需求直接從產地採購，或向天然香料經銷商進貨後裝入自家容器，做成商品。

此外，蒐集調香用精油時，精油新鮮與否也是重要的考量點。除了廣藿香等部分精油之外，大多精油都是愈新鮮愈香，也較適合用作香氣重於療效的調香材料。精油買回家後必須妥善保存，並且在香氣魅力喪失之前有效運用。

器材

精油

本書介紹的調香法，材料皆為使用無水酒精稀釋過的精油。

芳療的按摩油一般是用基礎油（Carrier oil）稀釋過的精油，不過本書以法國香水學校採用的方法為準，根據精油香氣性質分別用酒精稀釋成10％、5％、1％的濃度後再拿來調配香水。稀釋過的精油對我們來說也比較容易精準捕捉細膩的香氣。

試香紙

試香紙是用來確認香氣的專用試紙，一般精油專賣店都有販售。

用法是拿試紙沾取精油，放在鼻頭前嗅聞。由於嗅覺非常敏感，容易麻痺，所以不建議直接往精油瓶裡聞，而是使用試香紙沾取少許精油確認香氣。使用試香紙還可以同時試聞多種香氣，或觀察香氣隨著時間產生的變化。

試香紙的法文為「mouillette」，源自「浸泡」之意的「mouiller」。

瓶子

本課程使用的瓶子容量基本上都是3～10ml。

如果想將調配好的香水裝進美美的香水瓶，可以準備透明的瓶子。雖然芳療上習慣用遮光瓶，不過透明瓶更便於我們觀察成品的色素和狀態。

滴管

使用玻璃材質或PE塑膠材質兩種容易取得的材質即可。請替每種精油各自準備專用的滴管，因為用過的滴管即使用清水或酒精清洗還是會殘留味道，所以應盡量避免一支滴管重複用於不同精油的情況。

酒精

　　香水用的酒精是純度接近100％的變性酒精。法國香水原料中的酒精還會再加入苦味素，而這類酒精在市場上流通時並不屬於酒類，法規上屬於化妝品。

　　也可以用藥局販賣的無水酒精代替。

配方表／處方箋

　　本調香課的配方都是以滴為單位計算精油用量。

　　調香的第一步是設計配方（處方），接著按照配方調配各種精油。

　　調配完成後再將成品與配方相互對照、分析，思考是否成功調配出理想中的香氣，或該如何調整。

　　你在這個步驟寫下的「配方」與「香氣」都是幫助你提升調香技術的重要資料，這些寶貴的資訊都能促進你下一次創作出更好的作品，所以請務必妥善保管。

Formulation

Réf.	Noms de produits	Sol.	g.
1	Essence Bergamote	10%	380
180	Essence Cédrat	10%	130
35	Essence Orange douce	10%	20
23	Essence Mandarin	10%	120
39	Absolu Rose	5%	50
40	Absolu Jasmin	5%	70
152	Essence Ylang extrat	10%	40
148	Essence Noix de muscade	1%	80
160	Essence Cumin	1%	10
230	Essence Patcouli	10%	20
288	Absolu Cacao	1%	80
	Total		1000

稀釋

雖然精油不必稀釋也能調香，但我仍建議使用無水酒精稀釋。不打算稀釋的讀者請根據Part 7「精油檔案」標示的濃度（％）換算配方中各種精油的用量。法國調香學校也是採用這種用酒精稀釋的方式。為什麼要稀釋？因為精油稀釋過後會比原液更容易分析，更好掌握香氣細膩的表現。其中絕大多數的精油都會稀釋成10％，香氣特別強的則稀釋至5％或1％以便微調處方。此外稀釋也能節省成本，畢竟精油要價不菲，如果稀釋成10％就代表容量放大成10倍，我們只需要用10分之1的量就可以調香。

稀釋方法

本書使用藥局販賣的「無水酒精」稀釋精油。理想上最好選擇沒有酒精臭味的品項，不過市售無水酒精或多或少都有一股獨特的酒精臭，介意的人可以將課堂上要用的精油稀釋過後先靜置個一天，讓酒精臭隨著時間慢慢消散。

原則上我們應該使用電子秤計量精油用量（重量），不過本書採用比較簡便的做法，直接用燒杯或滴管進行稀釋。

◎製作10ml的10％稀釋液

在10ml的燒杯中加入1ml的精油，再加入9ml的無水酒精。

如果使用滴管製作稀釋液，則是以1滴精油兌9滴無水酒精。稀釋液混合均勻後即可換裝其他容器保存。

　保存容器以遮光瓶為佳。若打算用一個燒杯製作多款精油稀釋液，每製作完一款就必須將燒杯仔細清洗乾淨，避免香氣混雜在一起。另外，有些精油混合後可能會呈現白濁狀；有些即使一度混合均勻，過一段時間後仍會分離。這些都是天然香料的特性所致，對香氣沒有影響。若稀釋液有分離現象，調香前記得再度攪拌均勻。

　5%稀釋液、1%稀釋液的稀釋方法請參考下表，製作自己需要的量。

	10%	5%	1%
燒杯	精油1ml 無水酒精9ml	精油1ml 無水酒精19ml	精油1ml 無水酒精99ml
滴管	精油1滴 無水酒精9滴	精油1滴 無水酒精19滴	精油1滴 無水酒精99滴

市售香水與自製香水

現代人崇尚有機，天然原料比以前受歡迎，近來也能看到市面上出現不少完全使用天然精油調製的香水。雖然本書主題也是純精油調配的香水，不過「市售香水」和「自製香水」還是有幾點不一樣。

首先要先知道，這2種「香水」目的不同。

商品化的「香水」擁有供不特定多數人使用的前提，定位上屬於化妝品。顧名思義，目的是以香氣達到符合藥機法※列示之「對人體進行清潔、美化、增添魅力、改變容貌，或塗抹、噴灑於髮膚以發揮保養、強健效果，且對人體造成緩和作用之物（不包含具備醫藥品、醫藥部外品效果之物）」的產品。因此名為「香水」的產品，是藥機法規範下的「化妝品」。

至於自製香水的目的並不在於提供不特定多數人使用，充其量只是自己享受。這一點兩者就完全不同。此外，市售香水是有量產需求的商品，有義務保證香氣的同一性，所以也需要確保穩定供應一定品質精油的管道。

然而這項確保供應管道安定的盤算也曾經落空。1997年～1998年印尼碰上嚴重火山爆發時，印尼產廣藿香一度在市場上銷聲匿跡，香料從業人員無不驚慌失措。畢竟很多香水的原料都包含了印尼廣藿香，尤其當年Thierry Mugler風靡歐洲的香水「Angel」更是含有相當高比例的廣藿香。

站在商業的角度來說，在原料斷貨期間停產的決策無疑是弊大於利。然而原物料取得不易勢必牽動成本高漲，偏偏商品一旦上市就很難再大幅度調整價格，因此許多廠商都陷入進退兩難的窘境。

商品化的「香水」即使上了市，也必須面臨日漸嚴格的過敏原規範，因此各廠牌也不得不重新審視自家香水的香料成分。

為了保障不特定多數使用者的安全，現代的廠商必須在重重規範下兼顧創作與研究，思考在不改變香氣表現的前提下該如何調整原料配方，甚至完全改用過敏原較少的香料製作香水。

　　另一方面，自製香水畢竟無關商品化，不需要大量製作。少量製作的優點就在於可以純粹享受挑戰，盡情追求個人風格。

　　所以自行調配香水會比製造市售香水來得自由，更能發揮豐富的創意，也更能盡情樂在其中。

　　只不過我們親手製作的原創香水在安全性上並沒有他人把關，所以最好小心使用，而且盡量以自用為主。

市售香水　　　　　　　　　　　自製香水

※藥機法：日本管理醫藥品、醫療器材的相關法律。市售香水在台灣屬於「一般化粧品」，受到《化粧品衛生安全管理法》之規範。

香水與芳療

香料分成「天然香料」、「合成香料」與「香精」。芳療上使用的是天然香料，而一般市售的香水成分則包含以上3種。雖然香水商品是上述3種香料的綜合體，但本書只會聚焦在天然香料的部分。

調香師是操縱香料、探索香氣表現可能的人，因此針對用於香水的天然香料（精油）通常會優先考量香氣表現的美感。

他們在設計配方時也會仔細確認成分中的過敏原有無超過化妝品相關規範的基準。因此香水中使用的精油皆是經過慎重調查，且確認芳香成分與過敏物質無安全疑慮的天然香料。

有時調香師會為了迴避上述問題而使用不含過敏物質的天然香料，而且時時都在探索有趣且新奇的精油，思考能否作為香水的原料。事實上，也有愈來愈多香料公司持續改良天然香料的蒸餾方式，設法創造新的精油。比方說有一種岩蘭草精油就用了特殊的提煉方法，強調其中葡萄柚似的香氣。且由於未添加任何合成香料，所以當然能作為天然香料販售。不過開發這種精油的目的顯然是專門用來製作香水，和芳療用的精油還是不同一回事。

「香水」是化妝品，「精油」是芳療用的材料，想當然兩者追求的性質自然不同。

雖然部分芳療精油也會去除香柑內酯之類對人體有害的成分，但基本上還是會希望精油能盡可能接近自然的狀態。相較之下，香水用的精油則更加注重天然香氣的美好。

天然香料依使用目的可以做成芳療精油或香水原料，此外還有許多用途，例如做成食品調味料、沐浴乳等沐浴護養品，或用於室內香氛、藥品或增添雜貨的香氣。

天然香料、合成香料、香精的差異如下。

1　天然香料

採集自天然動植物的香料，來源包含花瓣、葉、莖、根以及動物生殖腺分泌物。即使是同一種花，生長環境的差異也會造就不同的香氣。天然香料的細膩性質有點類似葡萄酒，會因為產地、收成年的狀況而有所不同。天然香料種類超過500種，不過目前用於調香的只有其中150種左右。

例：佛手柑、檸檬

2　合成香料

以化學方式製成的香料，包含自然界不存在的香氣，以及用天然香料合成的香料。用於調香的合成香料超過4000種，且仍持續在開發研究。合成香料的開發目的不乏保護動物，追求穩定的香氣表現等等。

例：麝香

3　香精

模擬天然香料，或表現無法從天然香料上採得之香氣的人工香料。又或者是調香師根據想像而創作的香料。例：鈴蘭

舉例來說，我們可以找到模擬玫瑰香氣的玫瑰香精。這類香精含有的香料數量通常不到100種，但其實天然玫瑰的香氣是由超過300種香氣分子交織而成。由此可知，只用天然香料調香時務必將處方設計得簡單一點。

使用天然香料調香時的注意事項

　　精油調香的樂趣，在於能使用天然香料調出專屬於自己的原創香氣。而這些天然香料都充滿了大自然的恩惠，擁有與生俱來的美好與獨特魅力。不過使用天然香料時也有一些注意事項，調香前請詳閱底下幾個重點。

　　另外，相對於芳療算是一種「療程」，香水屬於「藝術」的世界。所以請各位帶著藝術感，發揮各種香氣的魅力。

　　熟悉芳療的讀者在設計配方時，可能會著重於精油效果等藥理學方面的性質。不過「調香」講求是香氣美好與否。舒服的香氣對使用者來說也是一項優點，所以希望各位別過度拘泥於功效，自由自在創作香氣吧。

1　慎選香料

相同名稱的精油，也會因為產地、萃取方式的不同而呈現不一樣的香氣。準備材料時應細細感受差異。

2　配方從簡

某些精油本身就是由上百種香氣分子構成，所以不必調合其他精油就能帶給人馥郁滿盈的印象，這也正是天然香料最美好的地方。因此使用天然香料調香時，配方別設計得太複雜。

3　留意過敏原和其他危險性，注意使用方式

許多天然香料都含有不少過敏原，可能引起使用者的過敏反應，所以調配前應留意材料成分是否含有光毒性（光敏性）等危險因子。使用調香作品時也必須再三注意，除了自用外，按藥機法規定不得作為親膚的化妝品用於第三者。

Part 2 　　初級篇

運用金字塔
設計香氣

香氣金字塔

前調／中調／後調

我們常常用「前調」、「中調」、「後調」三個階段來形容一種香氣。若以音樂術語比喻，我想就類似交響曲的第一樂章、第二樂章、第三樂章吧。

如果形容成人與人之間的邂逅，前調就好比對方給你的第一印象，中調是對方的性格，後調或許可比作對方內心深處的信念。

很多人應該都看過以視覺表現香氣的「香氣金字塔」，我們經常會用它來說明香氣。金字塔頂端就好比香水瓶的蓋子，描繪了開蓋後從香水瓶口散發的種種香氣。

香水噴灑於肌膚後，香氣便會慢慢轉變。

從序（前調）展開，主要故事（中調）娓娓道來，最後以跋（後調）作結……這樣的情節即是香氣的方程式，而我們在調香時也會分成3個階段來設計配方。

好好記住這套香氣方程式，因為它能幫助我們判斷整體香氣表現的平衡。

右頁的「香氣金字塔」記錄了純天然香料製香水在前調、中調、後調各階段的特徵。

Part 2會以這張圖為準，講解如何從立體角度捕捉香氣平衡並設計配方的方法。

前調　*Top*

香水接觸肌膚後
5～10分鐘內的香氣

　　第1階段的香氣通常以持香度低、強度最高的香料構成。其中的代表為柑橘類的清香。

　　這部分的香氣會左右使用時的心情，也是製作送禮用香水時最重要的部分。

中調　*Middle*

香水接觸肌膚後
經過約30分鐘的香氣

　　第2階段的香氣會以持香度與強度皆居中的香料構成。例如花香這種仍保有一定強度，持續時間又比前調還要長的香氣。

　　中調是敘述故事內容的重要部分，也是一款香水所要表現的主題所在。

後調　*Last*

香水接觸肌膚後
超過1小時的香氣

　　第3階段的香氣則是以持香度長、強度低的香料構成。

　　比方說木頭、樹脂等香氣沉穩、溫厚的香料。

　　這部分是香水的特色所在，也是建立使用者對香氣的忠誠度，吸引使用者未來再次使用的關鍵。

　　這個階段出現的香氣往往質感深沉、溫煦，也就是我們常說的「殘香」。後調香氣持香度較高，能在肌膚上久留不散，因此可混合其他香料延長整體香氣的表現時間。

運用金字塔設計香氣

Part 2會拆成3個階段,講解如何捕捉香氣的立體結構與調香方法。

我們要將香氣想像成一座金字塔,依中調、前調、後調的順序研擬配方。中調是香氣的核心,所以第一步要先設計中調的配方,建立香氣主軸。請參考底下的「精油分類表」挑選要使用的香氣。表中雖然定義各種香氣分屬前、中、後調,不過這充其量只是各種精油之間的相對分類結果。

就算只用柑橘調精油調配,香氣也會隨著時間逐漸變化,並且一樣具有前中後調。就連單一種精油——比方說檸檬精油也擁有漸變的前中後調香氣。

請各位參閱下方的分類表,挑選符合課堂需求的精油,照著接下來3個步驟一步步學會如何調製平衡的香氣。

精油分類表

柑橘調	新鮮	苦橙　枸櫞　佛手柑 萊姆　檸檬	
	果香	甜橙　葡萄柚 紅柑　橘子　柚子	
草本調	檸檬	香茅　檸檬葉 山雞椒　香蜂草　檸檬草	
	薄荷	胡椒薄荷	
	大茴香	大茴香　龍艾　紫蘇　八角 羅勒　茴香	

前調

中調		香草植物	歐白芷　羅馬洋甘菊 快樂鼠尾草　百里香　茶樹　薰衣草
		樟腦、 桉油醇	寬葉薰衣草　綠花白千層 甜馬鬱蘭　香桃木　尤加利 醒目薰衣草　桉油醇迷迭香　月桂葉
		芳樟醇	芳樟　花梨木
	花香調	玫瑰	天竺葵　玫瑰草　玫瑰
		甜美	依蘭依蘭　大花茉莉
		橙花	橙花原精　橙花精油　晚香玉 苦橙葉
		綠葉	小花茉莉　白玉蘭
		爽身粉	金合歡　黃水仙　鷹爪豆（西班牙金雀花） 水仙　銀合歡
	綠香調		白松香　萬壽菊　紫羅蘭葉 薰陸香　白玉蘭葉
	果香調		桂花　印蒿　黑醋栗
後調	辛香調	溫暖	多香果　丁香　肉桂
		清涼	欖香脂　杜松子　黑胡椒　粉紅胡椒
		異國	小荳蔻　藏茴香　孜然 芫荽籽　番紅花　薑 芹菜籽　肉豆蔻
	木質調	乾燥	檀香　維尼吉亞雪松 檜木　羅漢柏
		潮濕	岩蘭草　廣藿香
		清香	絲柏　大西洋雪松 松針　西伯利亞冷杉
		煙燻	玉檀木
		香脂	乳香　沒藥
		蘚苔	橡苔
	皮革調		岩玫瑰精油　蘇合香　樺木
	馥奇調	香氣和弦	薰衣草＋岩蘭草＋橡苔＋零陵香豆
	西普調	香氣和弦	佛手柑＋玫瑰＋大花茉莉＋廣藿香＋ 勞丹脂＋橡苔
	美食調		可可　蜂蠟　咖啡　香草
	琥珀調	香脂	勞丹脂　紅沒藥
		香草	祕魯香脂　吐魯香脂　安息香

東方調	香氣和弦	香草＋廣藿香
爽身粉調		蠟菊　鳶尾花
		德國洋甘菊　胡蘿蔔籽
		零陵香豆
麝香調		黃葵籽

※精油詳細資訊請參閱Part 7「精油檔案」。
※香氣和弦（Accord）為多種香氣調和，具備特定意象的綜合香氣調性。

Step 1　中調──塑造核心香氣

　　一開始得先決定香氣的核心部分，也就是「中調」的香料。中調的精油有花香調、綠香調、果香調等3種（請參閱p.26～28的精油分類表）。

　　先從中挑出2種，再決定要以哪一種調性作為調香主軸。如果手邊沒有範例中的精油，也可以選擇相近的香氣代替。

1. 問問自己喜歡哪種香氣，有沒有想用的精油。拿一張紙寫下理香氣完成後的意象。
2. 選擇要使用的精油。
3. 稀釋精油。稀釋率請參閱Part 7「精油檔案」。
4. 填寫右頁的配方表。2種精油的分量合計30滴，記得作為主軸的精油分量要多一點。
5. 按照配方表將總量30滴的精油滴入瓶中。

　　香氣調配完成之後，記得以試香紙確認結果呈現出怎麼樣的香氣（欣賞香氣的方法請參閱p.32～33）。

　　即使是相同的組合，只要更動比例也會大大扭轉成品印象。如果想調出自己喜歡的香氣，重要的是自己偏好的精油比例高一點。

精油名（中調）	滴
精油名（中調）	滴
合計	30 滴

※配方表上記錄的是稀釋後精油的用量。每一種精油的適切稀釋度請參閱
Part 7「精油檔案」。

前調——營造第一印象

　　Step 2要在配方中增加前調香氣，創造變化。這個環節的要角是柑橘
調，也就是柑橘類的香氣。另外，草本調等以草本植物香氣為主的調性也
很適合建構前調。

　　請從精油一覽表的柑橘調、草本調中選取自己喜歡的1種香氣進行調
香。

1. 根據Step 1調配的香氣，延伸想像欲創作的香氣。
2. 選擇1種精油用來建構前調。
3. 將選擇的精油稀釋成適當的「％」。
4. 根據Step 1調配的香氣印象構思合適的前調配方。這時請依Step 1設
   計好的配方，決定中調精油滴數占整體的比例。
5. 拿出要使用的香料，並準備好香水瓶。
6. 依照配方將精油滴入香水瓶。
7. 加完所有香料後，蓋上瓶蓋搖勻。
8. 以試香紙前端沾取些許混合好的香料，待酒精揮發後再賞析香氣。
9. 標籤寫上作品名稱，貼在香水瓶外。

　　各位可以拿試香紙沾取調配完成的香水，確認加上前調之後香氣有什麼
不一樣，以及隨著時間的變化。若想調出柔和的香氣，建議Step 1的香料

用量占配方的70％以上。相反地，若想調出清爽的香氣，則Step 2的香料
應占配方的70％以上。

精油名（前調）	滴
精油名（中調）	滴
精油名（中調）	滴
合計	50 滴

Step 3　後調——潤飾香氣

　　最後再加入比中調、前調還要沉穩且具有存在感的香氣。這個步驟可以
延長香氣的持續時間，也可以表現個人特色。

　　屬於後調的幾個重要香調包含辛香調、木質調、皮革調、美食調、琥珀
調、爽身粉調、麝香調。請從精油一覽表中挑出1種，挑好後就可以開始
調配了。

1. 根據Step 2調配的香氣，延伸想像想創作的香氣。
2. 選擇1種精油用於鋪陳後調。
3. 參閱「精油檔案」，將精油稀釋成適當的「％」。
4. 將後調精油的用量填入配方表。
5. 根據Step 1、Step 2調配的香氣印象，分配前、中調香氣的精油滴
　 數，構思總量為100滴精油的配方。
6. 拿出要使用的香料，並準備好香水瓶。
7. 依照配方將精油滴入香水瓶。
8. 加完所有香料後，蓋上瓶蓋搖勻。
9. 以試香紙前端沾取些許混合好的香料，待酒精揮發後再賞析香氣。
10. 標籤寫上作品名稱，貼在香水瓶外。

　　設計配方時須拿捏好前、中、後三種調性之間的平衡。前調比例較高能表現清新感，後調比例較高則能展現深度。

精油名（前調）	滴
精油名（中調）	滴
精油名（中調）	滴
精油名（後調）	滴
合計	100 滴

　　以上3個步驟，我們學到了如何以前、中、後調各自的關鍵香料完成調香。只要確實挑選各層次的代表性香氣，整體表現就會更加立體、均衡，我們也能書寫出頭尾完整的香氣故事。

欣賞香氣的方法

欣賞香氣時,請選在乾淨且無強風的場所。
也請記得使用專業的試香紙,勿直接將鼻子湊近瓶口。

步 驟

1

將精油擺在桌上。

2

打開瓶蓋,以試香紙前端
5毫米的部分沾取瓶中的
精油。

3

未沾取精油的那一端寫上精
油名稱與沾取時間,以便之
後觀察香氣的變化。

輕輕揮動試香紙加速酒精
揮發，再拿近鼻子嗅聞。
將試香紙拿近時小心別碰
到鼻子。

將沾取精油的那一端90度折起後放
在桌上。這是為了避免弄髒桌子，
也避免弄髒試紙沾取精油的部分。
假如需要同時拿起多張試香紙時，
每張之間要隔一點距離，以免香氣
混淆。

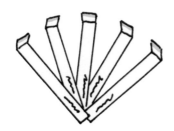

記錄嗅聞香氣時的印象。

Part 3　　中級篇

調配各類型香氣的方法

香氣的調性與類型

　　香氛專家會用香調（note）一詞來描述香氣性質。note在音樂上是音符的意思，用於描述香氣時會說某某香氣屬於某某調，例如玫瑰的香氣屬於花香調，檸檬的香氣屬於柑橘調。

　　「音符」經由組合可以編成一首樂曲，同樣的道理，香料（note）經由組合也可以譜出一款香水。

　　而類型（type）則是用來區別香氣整體性質時的用詞，代表一款香水綜合來說主體是什麼樣的香氣。

　　不過香水從接觸到肌膚的那一刻起分分秒秒都在變化，我們又該如何描述如此瞬息萬變的模樣？

　　這種時候也可以像形容音樂的曲調一樣用「香調」來表現。一款香水中存在多種香調，其中表現最突出的調性左右了香水整體的印象，該調性也視為香水的「類型」。換言之，作為香水主題的核心香調就等於那一款香水的「類型」。

香調	用於形容香氣的調性（柑橘調、花香調etc.）
類型	指稱一款香水中最關鍵的調性

在完全使用天然香料的情況下，能調出的香氣類型大致上分成7種。

　　Part 3會介紹每種類型的特徵與配方。也請各位掌握了每種類型的意象後盡情發揮想像力，應用在自己想創作的感覺上。

用天然香料調配的七大香氣類型

 柑橘類
Hespéridée

以柑橘香氣為主的新鮮香氣。

 草本類
Aromatique

以薰衣草、尤加利等草本類香氣為主的清香。

花香類
Fleurie

玫瑰、茉莉花、橙花等花朵散發出的甜美香氣。

 木質類
Boisée

杉木、檀香等以樹木氣味為主的安定香氣。

 西普類
Chypre

調和廣藿香、橡苔、勞丹脂等香料的香氣和弦，再結合花香形成的優雅香氣。

馥奇類
Fougère

調和薰衣草、橡苔、零陵香豆等香料的香氣和弦，香氣具有清涼感。

 東方類
Orientale

調和香草、廣藿香、辛香料而成的厚重香氣。

　　本章會介紹如何用精油輕鬆調出好香水。而且這些配方都很基本，所以讀者自行改編也不容易失敗，還能拓展創作的範疇。

　　上一章我將調香的重點放在捕捉香氣前中後各階段的平衡，這一章會更注重香氣的調性與類型。所以設計配方時不必在意前述精油分類表中各種香氣位於金字塔的哪一階層，不過依然得考量整體香氣的平衡。

　　再次提醒各位，操作本章的調香方法時也別忘了拿捏好平衡。

柑橘類
Hespéridée

柑橘的氣味和任何調性的香氣都很合得來，能享受各式各樣的搭配樂趣。需要注意的是，柑橘的氣味是所有香料之中最容易揮發的。

若搭配得不好，成品有可能只會在剛噴上去時飄出柑橘香氣，接著馬上就被其他調性搶走鋒頭。為避免此情形，柑橘調以外的精油用量應能少則少。

Recipe 1	2種精油的配方──柑橘類

精油名	稀釋率	
佛手柑	10%	5 滴
檸檬	10%	5 滴
合　計		10 滴

※ 配方表皆標示精油稀釋過後的用量。每種精油皆有其適當的稀釋率，稀釋前請參考「Part 7精油檔案」。

提到柑橘的香氣，相信很多人會率先想到「古龍水（Eau de Cologne）」。

其實古龍水的法文原意為科隆的水，因為古龍水誕生於德國科隆，後來才傳入法國，於是此後與這種香水具有同性質香氣的香氛產品便稱作古龍水。

至於當時的古龍水是什麼樣的香氣？據說和包含了數十數百種香料的現代香水完全不同，成分極為單純。古龍水的原料僅含數種天然香料，香氣非常純粹，且柑橘和草本植物香氣最為突出。

　「調配各類型香氣的方法」第一課，就是要模擬原始古龍水的香氣，只用2種精油調製柑橘類香水。

　範例使用最能代表柑橘調的檸檬、佛手柑精油。兩者都是人人喜愛的清新香氣，也沒有另外混合其他類型的香氣，因此即使調整配方的比例也不容易失敗，怎麼樣都能調出討所有人喜歡的清爽香氣。

　調香的不敗法則之一是量少質精，意思是選擇少數幾樣自己喜歡的原料就夠了；另一項法則是特別喜歡的香氣就多加一點。基本上只要照著做，半數以上的配方都不會有問題。

　雖然檸檬和佛手柑都屬於柑橘調，但也各具特色。請先照著「Recipe 1」以同比例調配2種香氣，觀察它們結合後會呈現怎麼樣的風貌。

　檸檬和佛手柑在所有柑橘調香氣之中也特別受歡迎，除了柑橘類的香水，風格迥異的東方類香水也會用到這2項材料。

　而參考前面的香氣金字塔也可以知道，調和香氣之中最先發散的就是柑橘調的香氣。換句話說，柑橘調香氣的揮發性較高，往往最先浮現、最快消散。

　據說那款名留青史的原始古龍水成分包含檸檬、佛手柑、苦橙葉、迷迭香，還有一些橙花、柳橙、檸檬草等位於金字塔尖端的輕盈香氣。

　古龍水是一種香氣經過1～2小時就會消散的「用品」，歐洲人習慣在淋浴或沐浴過後噴灑於全身上下，因此歐洲超市的日用品賣場一定找得到古龍水，還幾乎都是半公升到1公升的大瓶裝。而且價格也很便宜，愛噴多少就噴多少。此外，古龍水有95％以上的成分都是乙醇，所以保持衛生之餘還能帶來清涼暢快感，一舉兩得。

　悶熱的夏天使用柑橘類古龍水效果更好，保證讓你泡完、沖完澡後舒暢無比。各位聽了是不是也想用自己喜歡的香氣製作屬於自己的古龍水了呢？

更進一步的小建議

　　可以嘗試製作一個檸檬比例較高、一個佛手柑比例較高的香水，比較兩者的香氣變化；還可以試著搭配萊姆和葡萄柚等其他柑橘類香氣。製作柑橘類香水時務必完全使用柑橘調精油，或是柑橘調精油占配方的絕大多數，稍微穿插其他任何調性的香氣。

精油名	稀釋率	
佛手柑	10%	2 滴
檸檬	10%	7 滴
藍膠 尤加利	10%	1 滴
合　計		10 滴

 重點

　　你最喜歡什麼柑橘類香氣，假設是檸檬好了，儘管多用一些準沒錯。柑橘調搭配草本調還可以創造清新怡人的感覺。

草本類
Aromatique

　　香草植物類的香氣統稱草本調，名稱源自法語中的香草 「Herbes aromatiques」。平常有接觸芳療的讀者或許會驚訝，竟然有那麼多熟悉的精油都屬於草本調。草本植物釋放的香氣，往往能令人感受到野外植物茁壯的活力。熟悉如何運用以這些氣味為主軸的草本類精油，你就能調配出香氣優美又能撫慰心靈的香水。

Recipe 2　2種精油的配方──草本類

精油名	稀釋率	
薰衣草	10%	7 滴
百里香	1%	3 滴
合　計		10 滴

　　第一套配方是以草本調中最有代表性的薰衣草為核心，增添一點百里香。薰衣草和百里香在草本調中又屬於最有「香草植物感」的類型，而這類型的香氣對法國人來說容易聯想到日常生活，比方說薰衣草通常和臥室、麻布的關係密不可分，令人聯想到潔淨與冷靜。百里香則會連結到餐桌；香草茶中常見、香氣令人放鬆的羅馬洋甘菊也屬於這一類。日本國內平常有在接觸草本植物的朋友應該也對這些香氣不陌生。

不過你們知道嗎？在古龍水出現之前其實就有一種香水叫作匈牙利皇后水（Hungary Water）。這種香水用迷迭香和酒精調製，外號「返老還童水」，據說曾有位年屆72歲的匈牙利王妃用了這種香水後找回了健康與美麗，還吸引鄰國的波蘭國王前來求親。雖然故事真偽難辨，但顯然匈牙利皇后水在古龍水問世之前還是相當受歡迎的，而其中一部分的魔力或許就得歸功於迷迭香的香氣。

草本類香水的魅力在於香氣中富含自然的恩賜，彷彿能為我們帶來澄淨的能量。但也不是人人都會對這種香氣感到舒適與安心，因為每個人的生長環境不同，生活中經歷過的、留在記憶裡的香氣也不一樣。

所以我在講解如何調配草本類的香氣時不會從心理層面切入，而是專注於技術層面。

草本調和柑橘類一樣，都是從香氣金字塔的前調開始發散香氣，揮發性較高。意即持香度低，來去皆快。這也代表不影響後段香氣，因此就算搭配厚重的香氣也不會相互干擾。如果你想調製乾脆俐落又清新的香水，那麼草本類會是你的首選。調製時的訣竅和柑橘類香水一樣，香氣組合愈簡單愈好。

須注意的是，雖然草本精油性質普遍輕盈，但也各自具備鮮明的特徵與複雜度。這樣的好處是只用2種精油也能創造特色十足的香氣，不過調配超過2種精油時就必須審慎處理。各位不妨拿試香紙分別沾取一種柑橘精油和一種草本精油，相互嗅聞比較，相信你會發現草本精油的香氣具有更多層次。

基於這種性質，我建議大家在設計草本類香水的配方之前先決定好成品最想強調哪一種香氣。

　　不知道是不是因為潔淨感對男性來說特別重要，男性用的草本類香水比女性用的還要多。話雖如此，草本類香水的總數比起其他類型仍然占少數。草本調的香氣通常都擔任裝飾的角色，用來加入柑橘類或其他類型的香水之中。

　　為什麼草本類香水這麼少見？我推測是因為草本的香氣太接近日常生活的氣味。香水終究是追求藝術性的作品，人們藉由香氣的形式披上藝術的美，徜徉在美夢之中。若真能用充滿生活感的草本香氣調出令人作夢的香水，那肯定是擁有撼動人心的魅力、配方無與倫比的名香。那種香水的配方彷彿具有魔力，只要輕輕一噴就能帶人踏上想像的旅途。你想不想也試著用舒適、懷念的香氣，編織能引領心神遊歷幻想的魔法配方呢？

更進一步的小建議

　　一開始介紹的配方是以薰衣草為主，百里香為輔。第2套配方則會再加入勞丹脂，增加整體的厚重感。勞丹脂在香氣金字塔中屬於後調香氣，各位可以觀察一下在整體印象輕盈的香氣中添加厚重的勞丹脂會產生怎麼樣的變化。挑選精油時，根據香氣金字塔的概念分析香氣的立體定位是個不錯的方法。

精油名	稀釋率	
薰衣草	10%	6滴
百里香	1%	2滴
勞丹脂	1%	2滴
合　計		10滴

 重點

設計配方時，請大量使用1種自己最熟悉的草本香氣作為主軸。搭配些許重要的後調香氣，可以產生意想不到的和諧效果。

花香類
Fleurie

接下來示範如何調製以花香調為主的香水。

　　花香調和柑橘調一樣與任何調性的香氣都很合得來，搭配上相當自由。只不過不少花香調精油本身就擁有匹敵香水成品的強烈個性，所以調配時必須避免破壞原本的優點，謹慎搭配能襯托主角特色的精油。

Recipe 3	3種精油的配方──花香類	

精油名	稀釋率	
佛手柑	10%	2 滴
天竺葵	10%	6 滴
維吉尼亞雪松	10%	2 滴
合　　計		10 滴

花香類香水的配方，會用上大量花香調精油。

　　但問題是花香調的精油普遍價格昂貴，而且都具有鮮明的特色與優美的表現，所以也得顧及調配不當而抹煞原有優點的風險。

　　所以我其實建議純粹享受花香調精油本身的美好，不必調和其他東西。話雖如此，我們當然還是可以調配2種以上的香氣打造出優雅的花香類香水。若設計的配方能襯托原本香氣的優點，甚至能窺見花香的另一種魅力。

　　而且回顧日本歷史，平安時代的貴族就有調配喜愛香氣的興趣。這種興趣稱作「香」，而評比彼此香氣作品優劣的活動則稱為「香合」，後來更發展成「組香」，將香氣連結文學交叉評賞，逐漸樹立日本獨有的香道文化。現在日本香道上既有享受調和、組合香氣的形式，也有「一炷聞」這種細細聞賞單一種類的形式。

　但1種精油也不是只有1種香氣，例如玫瑰的香氣經分析後證實是由超過300種香氣分子所構成。換句話說，玫瑰秀麗的香氣是渾然天成。玫瑰精油的提煉方式又分成蒸汽蒸餾法和溶劑萃取法，而即使提煉方法相同，不同產地的玫瑰也會提煉出不一樣的香氣，加上收成年的狀況也有影響，所以玫瑰精油就像紅酒一樣有相當多樣的氣味表現。

　玫瑰的香氣中有一種成分稱作香葉醇（geraniol），而天竺葵的香氣中也含有大量的香葉醇，所以這一堂課會教大家如何利用天竺葵調配花香類香水。

　我用佛手柑建立前調，並結合大量天竺葵，打造以花香為主軸的中調。

　天竺葵是男女都會喜歡的花香，其清新的調性結合柑橘調可以帶出更加鮮活且生動的印象。

　後調的部分則選用維吉尼亞雪松，目的不單純是鋪設後調，也為了提供花香一個骨幹。不一定要用維吉尼亞雪松，只要是木質調香氣都能帶給整體香氣安定感。換個方式說，木質香能讓柔軟的花香感覺起來更紮實。所以如果你在創作香氣時感覺整體印象有點薄弱，不妨調整一下配方，試著加入些許木質調的香氣。

更進一步的小建議

　　花香調中最具代表性的3種香氣分別是玫瑰、大花茉莉、橙花（精油＆原精）。依香氣性質主要可分成以下3大系統

　　1　玫瑰系　　　玫瑰、天竺葵

　　2　甜美系　　　大花茉莉、依蘭依蘭

　　3　橙花系　　　橙花（精油＆原精）、苦橙葉、晚香玉

精油名	稀釋率	
純質玫瑰	10%	3 滴
大花茉莉	10%	3 滴
廣藿香	10%	4 滴
合　計		10 滴

 **重點**

　　若想製作典型的花香類香水，廣藿香會是其中關鍵。

　　先想好是要製作玫瑰系、大花茉莉等甜美系還是橙花系的香氣，會更容易做出特色明顯的花香類香水。

木質類
Boisée

調配木質類香水時，重要的是明確決定以哪一種木質香氣為主調。

不過木質調的精油印象上都很厚重，所以適合調配大量柑橘類香氣，達到香氣金字塔的平衡。

調製木質類香氣的重點，就是拿捏好整體香氣的重心。

Recipe 4	3種精油的配方——木質類

精油名	稀釋率	
佛手柑	10%	3 滴
天竺葵	10%	1 滴
維吉尼亞雪松	10%	6 滴
合　計		10 滴

　　木質調的香水在這幾年逐漸成為國際市場顯學。不過對日本人來說，木質調倒是日常生活中再熟悉不過的香氣。日本人自古以來的生活型態就與樹木息息相關，舉凡木造建築、家具、檜木浴缸，生活中隨處可見木造品，平常也有很多機會接觸天然樹木。

　　在日本經常能看到沒有塗亮光漆、木紋直接裸露在外的家具，但在法國好像少之又少，因此原木製品在法國人眼中是相當貴重的東西，樹木帶給他們的感覺也和日本人不太一樣。

　　舉例來說，日本人和法國人對於木頭香氣就有不同的感受。日本人大多會感到平靜，法國人似乎會聯想到神祕。

　　我在前面解說花香類香水配方時是以天竺葵為主軸，和左頁「Recipe 4」的精油種類完全一樣，只有用量不同。這也證明了就算使用同一組精油，只要調整配比，增加木質調精油的用量，一樣能打造木質調的香氣。

據說現在市面上的精油種類大約有150種，如果再依產地與萃取方法細分可能超過300種。

但就好比沒有大量顏料也能畫出漂亮的畫，沒有好幾個八度的鋼琴也能譜出韻律與和弦完全不一樣的音樂，即便擁有的精油不多，還是能創造各式各樣的美好香氣。

當你了解更多調香的樂趣，自然會想蒐集更多種精油，嘗試各種組合。不過在迎接精油櫃的新成員之前還是建議三思，不妨先試著從現有的精油中發掘可能的配方。

只不過木質調香氣的確無法利用柑橘、花香、草本等調性的精油調製，道理如同肉類料理不能沒有肉。

如果你將手邊全部的精油一字排開，並依照調性分類時發現缺少木質調的香氣，我會建議買一瓶回來，好好感受那種令歐洲人聯想到神秘的木質調魅力，並作為創作材料之一加以運用。

更進一步的小建議

樹木的香氣也分成很多種。

比方說向陽筆直生長的杉樹和檜木，樹幹就有一種用「木頭香」來形容十分貼切的乾燥木香。相較之下，岩蘭草的香氣則屬於潮濕木質調（Humid Woods）。此外，橡苔也是木質調的一員。雖然橡苔的名稱和模樣都很類似青苔，但其實它是一種寄生在橡樹上的地衣，屬於蘚苔木質調（Mossy Woods）。

木質調位於香氣金字塔的底部，由此可見木質香氣對於香氣後調影響重大。調香時建議先想像如何表現後調，再妥善選擇適切的木質調原料。

精油名	稀釋率	
檸檬	10%	2 滴
岩蘭草	1%	3 滴
維吉尼亞雪松	10%	5 滴
合　計		10 滴

重點

　想襯托主軸的木質調香氣時，可以搭配另外一種木質調的精油，如此便能創造更有層次的木質香氣。

　穿插柑橘調香氣也可以美化前調。

西普類
Chypre

「西普」一詞源自美國香水公司COTY過去推出的香水「Chypre」。該香水已經停產，成了求也不得的夢幻香水。根據紀錄，Chypre最流行的年代，幾乎所有走在路上的女性身上都帶著Chypre的香氣。

經過當年的流行，人們後來將所有主調類似Chypre香氣和弦的香水都歸類為「西普類（柑苔類）」。

西普調是由佛手柑、玫瑰、大花茉莉、廣藿香、勞丹脂、橡苔交織而成的香氣和弦。上述香氣相互搭配，才能演奏出這種獨一無二的和聲。

Chypre在法文中意為賽普勒斯，調香師法蘭西斯・科迪（Francis Coty）當初創作這款香水是為了用香氣呈現他遊歷賽普勒斯島時的回憶。賽普勒斯島是一塊森林蓊鬱，瀰漫著獨特香氣的土地。形成森林的林木、繁盛枝葉下的陰影、遍地的小草與蘚苔……。

賽普勒斯一直是法國人心中的地中海度假勝地首選，只不過近年因當地政治局勢不穩定而導致觀光客人數下滑。雖然當年那款源自於海島假期回憶、描摹了森林氣味的香水已經不再，但現代依然能找到許多西普調的香水。

Recipe 5	4種精油的配方──西普類

精油名	稀釋率	
純質玫瑰	10%	2 滴
大花茉莉	10%	2 滴
廣藿香	10%	4 滴
橡苔	1%	2 滴
合　計		10 滴

更進一步的小建議

前頁的配方只用了西普調中作用較關鍵的幾種精油，不過還可以加入佛手柑等柑橘調香氣和勞丹脂等皮革調香氣，創造立體架構完整且平衡的香氣，如此更能襯托出西普調香氣的美好。

勞丹脂的樹脂類溫暖質感可以增添香氣和弦的深度，帶出西普調香氣本身具備的那股成熟女性氣息。

話說回來，西普調、馥奇調、東方調3種類型都是由多種調性的香氣組合而成，所以配方中的精油數量也比柑橘類香水來得多。

此外，以上3種香氣類型都是根據想像的創作，所以調香時也有可能無法準確掌握意象。假如碰到這種情況，請先根據書中介紹的基礎配方調製，辨識3種香氣各自的特徵並牢牢記在腦海裡。

總而言之，這3種香氣類型在調製上都十分講究必要原料之間的平衡，因此彼此聞起來難免有些模稜兩可。但只要發揮一點巧思也能千變萬化，例如點綴一下前調，或大量使用特定精油強調主題香氣。

精油名	稀釋率	
佛手柑	10%	1 滴
純質玫瑰	10%	1 滴
大花茉莉	10%	1 滴
廣藿香	10%	4 滴
勞丹脂	1%	2 滴
橡苔	1%	1 滴
合　計		10 滴

如果你聞過市售的西普類香水，或許會驚訝怎麼和純精油調製的天然西普類香水完全不一樣。這種狀況在西普類和馥奇類的香水上特別明顯。我猜不少人應該更偏好熟悉的現代風格香水，不過也希望大家一定要試試看只用天然精油調製的香水。因為西普調、馥奇調、東方調這3種既矜持、幽微又深邃，而且具有厚重感的香氣，特別能體現大自然的豐美。

重點

西普調的香氣會在香氣金字塔達到平衡的狀態下綻放。如果混合幾種蘚苔木質調和潮濕木質調的精油，會更加接近西普調原本的意象，勞丹脂搭配香草則能形塑圓融的後調。

補充一點，現代的西普類香水風格大多偏輕盈。這是因為製作過程中盡可能去除了橡苔原本帶有的過敏原，或是用其他蘚苔木質調的合成香料來代替的關係。

馥奇類
Fougère

擁有「皇室蕨類」之稱的「Fougère Royale」是史上第一款調配了零陵香豆的主成分——香豆素（Coumarin）的香水。

1882年Houbigant發表的這款香水，以薰衣草、香豆素、幾種木質調香氣交織出劃時代的香氣和弦。

Houbigant的香水於20世紀中葉曾經銷聲匿跡，近年捲土重來，現蹤法國百貨公司專櫃。

專櫃上除了打響品牌名號的Fougère Royale，還陳列著Quelques Fleurs等其他自家知名商品。

我一得知這款商品復刻上市的消息，便抱著滿心的期待前往香水店試用。畢竟我聽說只有到凡爾賽宮附近一座香氣圖書館才能聞到那種香氣。我一抵達櫃前，二話不說拿起樣品噴一點在試香紙上，但立刻察覺香氣和以前不一樣，內心的興奮也稍微冷靜了下來，同時安慰自己這也是無可奈何的事情。

復刻版的原料明顯都是Fougère Royale誕生後多年才開發出來的香料。但我也多少明白不是只有完全複製當年的香氣才算遵循香水的傳統，再者當年的香氣不見得符合現代人的喜好，會不會受現代人歡迎也必須打上一個大問號。

雖然復刻版和原始版本的香氣不同，但確實還是馥奇類香水，而且也與開創「馥奇調（薰苔調）」這種香氣類型的祖先一脈相傳。我遙想著永無止盡的香水歷史與香氣的變遷，也有些慶幸自己能接觸到馥奇調香氣的源頭。

Recipe 6	4種精油的配方——馥奇類

精油名	稀釋率	
薰衣草	10%	3 滴
岩蘭草	1%	3 滴
橡苔	1%	2 滴
零陵香豆	1%	2 滴
合　計		10 滴

　　話又說回來，Fougère Royale以降出現了無數馥奇調香水，那種香氣和弦到底是由哪些成分構成的？其中的關鍵就是我前面提過的香豆素。

　　1820年，化學家成功研究出如何從零陵香豆的香氣成分中分離出香豆素。1868年也開發出人工製造的方法，現在已能工業化量產結晶狀香豆素。

　　香豆素搭配薰衣草就能勾勒出馥奇調的雛形。而薰衣草的香氣之中其實也含有香豆素，既然如此，兩者搭配起來這麼適合也不奇怪了。順帶一題，薰衣草也分成很多種，據說法國科西嘉島產的薰衣草香豆素含量最多。

　　在歐洲，化妝品外盒有義務標示成分中有無過敏原，而香豆素也在過敏原名單之中，用量有一定的規範，因此最近也有人開發出不含香豆素的薰衣草精油供應市場。

　　雖然薰衣草和零陵香豆掌握了建構馥奇調香氣的關鍵，但只有這2種香氣還不夠，必須再加入岩蘭草與橡苔才能成就獨特的香氣和弦。

　　加入岩蘭草與橡苔之後的沉穩香氣，才擔得起「皇室蕨類」的名號。

精油名	稀釋率	
薰衣草	10%	3 滴
天竺葵	10%	1 滴
岩蘭草	1%	2 滴
橡苔	1%	2 滴
零陵香豆	1%	2 滴
合　計		10 滴

更進一步的小建議

　　西普調、馥奇調、東方調3種香氣和弦從取得材料到調香都比其他類型來得費工，成本負擔也比較重一點。

　　所以建議製作這3種香氣和弦時可以一次多做一點，保存備用。調配完成的作品記得標上「馥奇調基底」，之後可以當作其他配方的其中一項材料使用。如此就能輕鬆調出3種類型的香水了。

 重點

　　Fougère Royale問世後，馥奇調香氣的出場機會始終以男性香水為主。但有趣的是，馥奇調香氣用於女性香水時也能表現出超群的藝術性。那種清新淡泊的調性能呼應女性天生具備的純淨感，形成感覺良好，任何人都喜愛的香氣。

　　這裡介紹的配方非常單純，不過也可以像調製西普類香水時一樣再加入廣藿香、勞丹脂調配出更有特色的馥奇調香氣。

東方類
Orientale

　　構成東方調香氣的重要元素是廣藿香和香草。只要有這2種原料，就有辦法做出像樣的東方類香水。東方調之所以為東方調，是因為使用的原料大多產自東方（Orientale）。

　　東方調和西普調、馥奇調一樣是由好幾種調性的香氣調和而成，所以比起構成簡單的柑橘調與花香調，香氣印象更為複雜且抽象。也因此調製東方類香水時需要豐富的想像力。

Recipe 7	4種精油的配方──東方類

精油名	稀釋率	
依蘭依蘭	10%	1 滴
廣藿香	10%	4 滴
檀香	10%	2 滴
香草	1%	3 滴
合　計		10 滴

　　東方調香氣主要是由香草與廣藿香構成，所以這2種精油缺一不可。反過來說，只要有這2種精油，要打造豐富且深邃的香氣並非難事。

　　上述配方還加了花香調的依蘭依蘭，以及和廣藿香同為木質調的檀香，成品具有東方調獨特的濃郁香氣。如果還想再疊一些層次，以花香調來說適合加入大花茉莉等甜美系香氣，其他調性則建議選擇香氣金字塔底層的香料。

　　另外，依蘭依蘭精油依提煉狀況還分成特級（Extra）、一級（First）、二級（Second）、三級（Third）等不同種類。了解每一級的香氣特徵，思索要使用哪個種類也是一種樂趣。

　　檀香是東方調香氣的常用原料，不同產地的品種香氣也有明顯差異。檀香比其他木質調香氣多了一種乳脂感與豐厚感，而這正是檀香最大的特徵。印度產的檀香（Santalum album）在這方面表現特別鮮明，至於新喀里多尼亞產檀香（Santalum austrocaledonicum）與澳洲產檀香（Santalum spicatum）雖然具備同類香氣性質，但用來調製東方調香水的話就少了一點濃郁感與分量感。

　　許多精油即使名稱相同，性質與學名也會因為原料產地不同而有所差異，加上收成年狀況也多少會影響成品的狀況，所以各位蒐集材料時，務必釐清每種精油的個性。

　　因為我從事相關工作，所以我巴黎的調香工作室存放了超過1000種香料，包含供應商的新品和內行人喜歡的稀有香料。我是個迷戀香氣的人，光是蒐集這些美好的香料就會感到滿足，但這絕對不代表材料多才有辦法調出更好的香氣。

　　手邊有愈多香氣原料，的確能調配出更多樣的香氣表現，然而美好的香氣終究是來自優質的原料與優秀的配方。

更進一步的小建議

　　如果覺得基礎配方只有深度和厚度還不夠，想要再加點什麼時，不妨試試看辛香調的香氣。

　　大多辛香料都具有辛辣感，諸如肉桂、丁香、黑胡椒。丁香精油通常萃取自葉片或花苞，2種類型香氣不同，選購前應仔細觀察差異。

　　嬌蘭（Guerlain）的知名香水「Shalimar」堪稱現代東方調香水的基礎範本，其配方中柑橘調的佛手柑用量占了整體的30％。由此可見想調出東方調的香氣，也不見得非得要全部使用厚重的材料。

　　舉例來說，溫和、溫暖的東方調基底中加入芳療常用的薰衣草精油也是一種想法。

　　吃酪梨時，有一種吃法是用檸檬和松露鹽調味。先將酪梨剖半並取出籽，接著將檸檬汁擠入中央的凹洞，再灑上混合了松露碎片的調味鹽。做法很單純，但只要嘗過那種口感和風味保證上癮。綿密的酪梨果肉配上檸檬清爽的香氣與酸勁，加上鹽巴的鹹、松露的野味，挖一匙送入嘴中，絕妙的香氣組合瞬間爆發。柔軟似奶油的酪梨帶著所有風味襲捲幸福洋溢的味蕾，滑過食道……。我想這可能就是柑橘的清新感與東方調深邃的香氣

在口中擦出的驚奇火花。

　　雖然我以食物來舉例，但希望各位別忘記創意能帶領我們發掘許多意想不到的優秀組合。請保持思路靈活，嘗試各式各樣的配方。

精油名	稀釋率	
依蘭依蘭	10%	3 滴
廣藿香	10%	4 滴
香草	1%	3 滴
合　計		10 滴

重點

　　東方調的精髓在於香草與廣藿香的組合，所以額外添加其他香氣就能賦予華麗的印象或強調神秘感。以催情效果聞名的依蘭依蘭精油會依蒸餾的狀態分等級，每種等級的香氣不盡相同，這我們前面也提過。先不論藥理學方面的作用，各位在使用依蘭依蘭精油之前應想像最終成品的表現，選擇適當的等級來調配。

Part 4 　　應用篇

根據意象
設計配方

香氣的意象

　　動手調配新香氣之前，必須確實掌握每種香氣的意象（印象），就好比你必須懂得食材與調味料的滋味才能做出一道好菜。而為了確實掌握香氣具備的意象，我將描述每種香氣的形容詞整理成右頁的圓餅圖。

　　用言詞描述並記憶，是掌握香氣意象的不二法門。這張圓餅圖是依調性編排各種對香氣的形容，請各位善加利用這張圖表把握精油帶來的意象。輔以參考Part 7「精油檔案」一覽表中各種香氣的說明，也一定能帶給你調香和選擇材料的靈感。

　　圓餅圖上列出了形容各種香調的部分詞彙，但描述嗅覺感受的詞彙並不多，絕大多數都比較偏向描述味覺、視覺等其他感官的感受，所以其實只要願意探索，形容方式要多少有多少。

　　有時我們也會用顏色來描述，比方說就有一種形容叫「生青味」。而一般說到甜美，可能會想到砂糖的甜味，不過用來形容香氣時也可能聯想到溫柔、可愛等感受。

　　我們可以像這樣將香氣帶來的感受自由轉化成任何形式，搜尋與其他事物的關聯、編織全新的香氣，而這也是調香的樂趣之一。

　　本章會說明如何將香氣連結到我們的性格。因為兩者都具備「意象」，連結才得以成立。只要連結得宜，就能設計出符合個人特色的香氣配方，比方說個性大方不計較的人適合印象單純的香氣。此外我也會延伸介紹如何從每種個性的意象延伸，調出適合不同場合、不同心情下使用的香水。

香氣意象輪

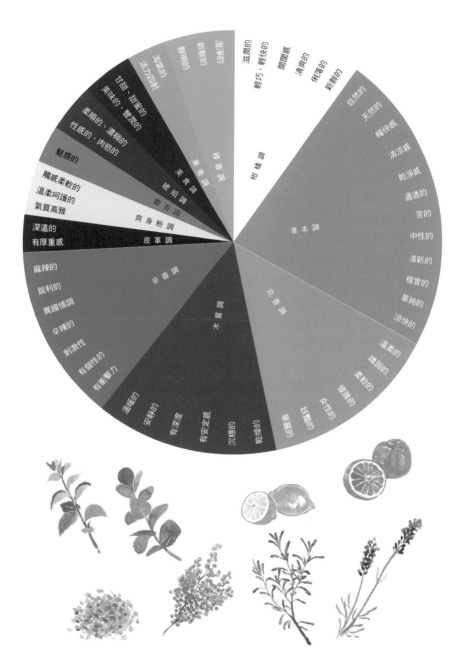

精油意象輪

此頁介紹的「精油意象輪」表現了個性、香氣、意象三者之間的關聯。我將個性分成6種，並對應個性的形象編排精油位置。

由於6種個性之間並無明確分界，所以每種個性至少會橫跨2種香調。此外，香料名稱的配置上也能清楚看出其香調偏向哪種個性，例如我們可以看到柑橘調中哪些原料更接近自然派，哪些更接近活潑派。

因為每個人的感性和記憶都不一樣，所以各自以嗅覺捕捉到的香氣意象也不盡相同。請將此處介紹的精油意象輪視為一種顯示普遍香氣特徵的基準即可。

圓餅圖上的精油和Part 2「運用金字塔設計香氣」的「精油分類表」內容幾乎一樣。我是以芳療上與香氛產品上的常用度為準挑選名單成員，所以讀者手上有的精油不見得都能在圖上找到。

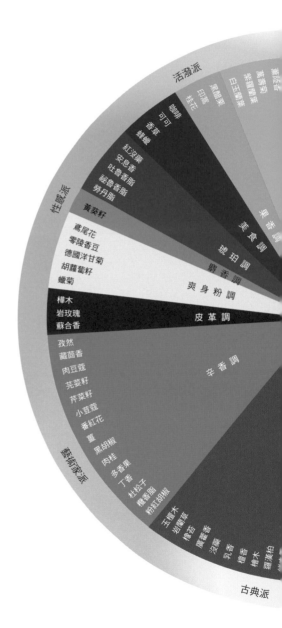

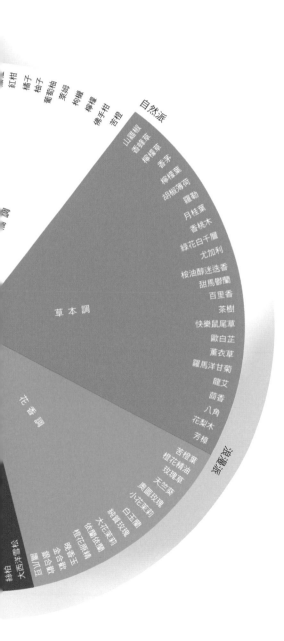

碰到這種情況時，請確認精油的香調後排入「精油意象輪」上適當的位置。又或是參考p.63「香氣意象輪」確認精油的香氣意象，再對照左方「精油意象輪」的位置判斷該精油在圖上的適切位置。

　　至於6種個性的特徵，請詳見p.67的表格。

依據個性量身打造「我的香水」

接著我們要調製「Mon Parfum」,也就是「我的香水」。

我們要參考前頁的「精油意象輪」,找出特徵符合「個性」、「香氣」、「意象」的組合,設計出最適合自己的原創香水配方。

製作流程

1 了解自己的個性類型

「6種個性」中哪一種最像你的個性?大家可以參考右頁表格中的關鍵字,做做看p.68的「個性類型小測驗」。

2 決定香氣類型

先將自己所有喜歡的香氣列出來。

接著比對精油意象輪,如果找到符合自己個性的精油,就將那種香氣定為主軸。如果意象輪上找不到,選擇類似的香氣也可以。

3 設計配方,動手調香

選擇好材料後,就可以構思符合步驟 **2** 設定之香氣類型的配方了。請參考後面依個性列舉的配方範例,嘗試調配,並確認成品香氣。

6種個性	印象	關鍵字
自然派	自然 爽朗	自在 落落大方
浪漫派	愛作夢 敏感	別緻 如夢似幻
古典派	正統派 保守的	經典 典雅
藝術家派	有特色 有創意	原創 獨樹一格
性感派	迷魅的 挑逗的	魅力 神秘
活潑派	可愛 青春洋溢	天真爛漫 有幽默感

自然派

浪漫派

古典派

藝術家派

性感派

活潑派

個性類型小測驗Q&A

Q1　下列形容中哪些比較符合你對自己的印象？

- [ ] a. 充滿創意、討厭一成不變、自動自發、喜歡原創
- [ ] b. 迷人、敏感、喜歡作夢、甜美
- [ ] c. 理性、認真、腳踏實地、保守、高雅
- [ ] d. 自然、活潑、外向、喜歡單純、不做作
- [ ] e. 誘惑的、熱情的、性感、戲劇性的、挑逗的
- [ ] f. 俏皮的、朝氣蓬勃、活力四射、可愛、樂天、貪吃

Q2　你覺得哪種顏色最能代表自己？

- [ ] a. 紅色
- [ ] b. 藏青色
- [ ] c. 紫色
- [ ] d. 粉紅色
- [ ] e. 黃色
- [ ] f. 橘色

Q3　你希望自己噴上香水後能發揮什麼樣的效果？

- [ ] a. 希望香氣舒服，避免影響周遭的人
- [ ] b. 能夠彰顯個人特色
- [ ] c. 可以跳脫現實，徜徉白日夢
- [ ] d. 能表現俏皮的個性
- [ ] e. 能激發自己的魅力
- [ ] f. 能帶給自己好心情

Q4　你對下面哪組字詞最有共鳴？

- ☐　a.　新鮮的、陽光、放鬆、清潔
- ☐　b.　珍貴、傳奇、高品質、新穎
- ☐　c.　有氣質的、纖細的、經典、和諧
- ☐　d.　神秘、性感迷人、將人吞噬
- ☐　e.　天真、愉快的、肢體接觸、雀躍的
- ☐　f.　動人的、激發魅力、宛如魔法

Q5　當你來到一間餐廳或咖啡廳，你會……

- ☐　a.　迅速觀察店內狀況後，注意力馬上轉移到其他地方
- ☐　b.　如果發現有名人在店裡，會盡可能表現出自己的魅力
- ☐　c.　進門時如果有人對你簡單打招呼，你也會簡單回應
- ☐　d.　期待受人矚目，如果沒人回過頭來你會感到失望
- ☐　e.　討厭別人一直盯著自己，盡量不吸引他人注意
- ☐　f.　並不討厭別人注意自己，對於和不同類型的人共處一室也覺得很自在

Q6　買什麼東西會讓你滿心期待？

- ☐　a.　送給伴侶的禮物
- ☐　b.　設計品牌的小東西和服飾
- ☐　c.　百搭的焦糖色喀什米爾羊毛衣
- ☐　d.　帶著美麗蕾絲的絲質內衣
- ☐　e.　特別時髦的眼鏡
- ☐　f.　好吃的甜點

Q7　你在以下哪種情況會感到放鬆？

- [ ] a.　上美容院來一場頂級按摩服務
- [ ] b.　坐在飯店酒吧喝香檳，或坐在氣氛不錯的陽台喝茶
- [ ] c.　到美術館逛畫展
- [ ] d.　在泳池或網球場度過快樂的午後時光
- [ ] e.　開啟原文字幕欣賞喜歡的外國電影
- [ ] f.　在森林裡散步

Q8　你的衣櫃整體來說是什麼樣的感覺？

- [ ] a.　以黑、白等低色調為主，版型也相當俐落雅致
- [ ] b.　原色或白色為主。獨特又新鮮、簡單又帶點性感
- [ ] c.　自然色系為主。容易搭配各種風格的基本路線
- [ ] d.　可愛的顏色為主。材質柔軟、設計討喜
- [ ] e.　中性色或粉彩色。風格優雅而內斂
- [ ] f.　色彩繽紛。充滿特色、有個性的風格

Q9　你夢想中的房子比較接近下列何者？

- [ ] a.　保全措施完善的高級公寓
- [ ] b.　融入湖畔或海邊美景的小屋
- [ ] c.　院子裡有游泳池的典麗豪宅
- [ ] d.　被自然包圍的田間農舍改建
- [ ] e.　高級住宅區的附庭院透天厝
- [ ] f.　塞納河上的一艘船，或是紐約的前衛設計Loft公寓

Answers

	a	b	c	d	e	f
Q1	a	b	c	d	e	f
	4	2	3	1	5	6
Q2	a	b	c	d	e	f
	5	3	4	2	1	6
Q3	a	b	c	d	e	f
	3	4	2	6	5	1
Q4	a	b	c	d	e	f
	1	4	3	5	6	2
Q5	a	b	c	d	e	f
	6	2	1	5	3	4
Q6	a	b	c	d	e	f
	1	4	3	2	5	6
Q7	a	b	c	d	e	f
	2	5	3	6	4	1
Q8	a	b	c	d	e	f
	5	6	1	2	3	4
Q9	a	b	c	d	e	f
	3	6	2	1	5	4

出現最多次的數字，就是你的個性

類　型
1　自然派
2　浪漫派
3　古典派
4　藝術家派
5　性感派
6　活潑派

1　自然派

　　自然派個性的人偏好簡單的事物，以服裝來說傾向選擇天然材質、穿脫容易的設計。以皮件來說，喜歡粗獷一點的皮革製品，而非經過充分鞣製的產品。絲織品也喜歡質地較粗糙的野蠶絲（Wild Silk）製品。他們雖然了解不同時間、地點、場合適合什麼穿著，不過基本上於任何場面都偏好選擇自己穿起來最舒適的風格。

Key Word
簡單、自然、舒適

代表性香氣
檸檬、佛手柑、葡萄柚、
薰衣草、迷迭香、百里香、
檸檬草

推薦配方
自然派的人適合各年齡層與性別都會產生好感的清新香氣。調製的訣竅在於使用新鮮的甜橙精油。如果有蒐集到高海拔薰衣草提煉的精油，還能調配出勁涼的俐落香氣。

Recipe		
甜橙	10%	6 滴
薰衣草	10%	4 滴

以下配方結合2種清爽類型的香氣，進一步強調檸檬新鮮乾淨的香氣。接著再加入印象潔淨的迷迭香，草本調性更增添一股令人不禁想深呼吸的舒適感。

Recipe		
檸檬	10%	5 滴
檸檬草	10%	3 滴
桉油醇迷迭香	10%	2 滴

以充滿陽光感的葡萄柚為基底，香氣十分單純的配方。加入微量綠薄荷可以點綴一分清涼感。這種直率的配方特別適合自然派個性的人。

Recipe		
綠薄荷	10%	1 滴
葡萄柚	10%	9 滴

依場合
正式場合 *Recipe*

佛手柑	10%	8 滴
薰衣草	10%	1 滴
百里香	1%	1 滴

依場合
休閒娛樂 *Recipe*

甜橙	10%	3 滴
葡萄柚	10%	7 滴

依心情
轉換心情 *Recipe*

綠薄荷	10%	3 滴
藍膠尤加利	10%	6 滴
白松香	1%	1 滴

依心情
提高專注力 *Recipe*

檸檬	10%	5 滴
山雞椒	10%	4 滴
香蜂草	10%	1 滴

2　浪漫派

　　浪漫派個性的人有一顆愛作夢又敏感的心。他們對於人際關係的觀察相當敏銳，認為共享秘密是確認彼此關係的方法之一。浪漫派女性喜歡有蕾絲和柔軟材質的服飾，男性則可能擁有好幾支手錶，享受配合當天心情和服裝選擇穿戴錶款的雅趣。

Key Word
愛作夢、瀟灑

代表性香氣
奧圖玫瑰、大花茉莉、
玫瑰草、天竺葵、
羅馬洋甘菊

推薦配方
奧圖玫瑰的香氣能呼應浪漫派的個性，搭配芳樟還能構成溫暖、細緻的花香調。這個配方擁有令所有人陷入美夢的魔法。

Recipe		
芳樟	10%	2 滴
奧圖玫瑰	1%	8 滴

迷人的洋甘菊香氣結合溫柔婉約的橙花精油，形成雪紡質料般充滿空氣感的香氣。為了充分展現其柔軟的意象，關鍵在於選用新鮮且優質的精油。

Recipe

羅馬洋甘菊	10%	2 滴
橙花精油	10%	8 滴

玫瑰的香氣既不會太甜美，也不會太清淡，而且不帶任何性別印象。加入極少量包容一切的鳶尾花精油，玫瑰調性的香氣更能細水長流。

Recipe

天竺葵	10%	6 滴
純質玫瑰	10%	2 滴
鳶尾花	1%	2 滴

依場合
正式場合 Recipe

橙花原精	5%	4 滴
苦橙葉	10%	6 滴

依場合
休閒娛樂 Recipe

天竺葵	10%	4 滴
玫瑰草	10%	3 滴
小花茉莉	5%	3 滴

依心情
轉換心情 Recipe

八角	10%	4 滴
茴香	10%	1 滴
玫瑰草	10%	5 滴

依心情
提高專注力 Recipe

小花茉莉	5%	5 滴
苦橙葉	10%	5 滴

3 古典派

古典派的人往往很在意一件事物正不正確、平不平衡，經常思考自己與周遭人等的和諧。古典派女性在穿著打扮上會特別注重補正效果，例如化妝時眉毛會畫得很整齊，穿戴飾品也是為了追求整體裝扮的平衡。男性往往認為注重香氣的行為直接反映了一個人的心態，行為舉止也會力求符合自己的定位與禮數。

Key Word
保守的、協調、正統的

代表性香氣
純質玫瑰、
大花茉莉、廣藿香、
維吉尼亞雪松

推薦配方
以下是能完美呼應古典派印象的不敗配方。這2種精油相互搭配能創造出有內涵、有深度的古典風格香氣。

Recipe		
純質玫瑰	10%	2 滴
廣藿香	10%	8 滴

雪松精油低調地整合了佛手柑的清涼與橙花原精的優雅，交織出柑橘、花香、木質的香氣和弦。佛手柑精油有很多種，若使用除去過敏原的無香柑內酯類精油，可以調出安穩又高雅的印象。

Recipe

佛手柑	10%	3 滴
橙花原精	5%	1 滴
維吉尼亞雪松	10%	6 滴

乳香是經常出現在教堂裡的香氣，很適合搭配木質調性，共譜有透明感的香氣。比方說加入些許日本人熟悉的檜木香，可以賦予整體沉著的印象。

Recipe

乳香	10%	5 滴
檜木	10%	2 滴
欖香脂	10%	3 滴

依場合
正式場合 Recipe

大花茉莉	10%	5 滴
依蘭依蘭	10%	4 滴
橡苔	1%	1 滴

依場合
休閒娛樂 Recipe

佛手柑	10%	2 滴
岩蘭草	1%	8 滴

依心情
轉換心情 Recipe

桉油醇迷迭香	10%	4 滴
西伯利亞冷杉	10%	6 滴

依心情
提高專注力 Recipe

檀香	10%	1 滴
茉莉原精	10%	1 滴
月桂葉	10%	8 滴

4 藝術家派

藝術家派的人往往自我表現的欲望比較強烈，因此服裝、髮型通常都與眾不同，比方說頭髮留得較長，而且會依照心情改變髮型。藝術家類型的人通常也對精油的品質、產地、品牌頗有興趣，建議可以嘗試琢磨一下原料的精油品質，挑戰做出原創性極高的個人香水。

Key Word
有個性、自我表現、創意

代表性香氣
岩蘭草、檀香、丁香

推薦配方
藝術家派的人適合具有獨特清新感的木質調香氣。不同產地的岩蘭草香氣表現也不同，所以調香時請妥善選擇種類，做出自己喜歡的香氣。若選擇分餾方式製成的岩蘭草精油（Vetiver heart），能賦予香氣更鮮活的光輝。

Recipe		
杜松子	10%	3滴
岩蘭草	1%	7滴

乳香的木質調點綴辛香調的香氣，形成充滿神秘感、印象遼遠的香氣。小荳蔻的異國情調與丁香狂野有勁的香氣，將引領你踏上神遊異國的想像之旅。

Recipe		
小荳蔻	1%	3 滴
丁香花苞	1%	4 滴
乳香	10%	3 滴

檸檬和薑是在料理和香料茶上也相當常見的絕妙組合。以下配方還加了粉紅胡椒，強調新鮮又帶點辛辣感的印象。如果使用生薑精油（Fresh Ginger）——以鮮採薑為原料蒸汽蒸餾而成的精油——可以調出鮮嫩欲滴的香氣。

Recipe		
檸檬	10%	2 滴
粉紅胡椒	1%	2 滴
薑	1%	6 滴

依場合
正式場合 Recipe

黑胡椒	1%	2 滴
維吉尼亞雪松	10%	6 滴
檜木	10%	2 滴

依場合
休閒娛樂 Recipe

苦橙	10%	6 滴
玉檀木	5%	4 滴

依心情
轉換心情 Recipe

山雞椒	10%	3 滴
大西洋雪松	10%	2 滴
松針	10%	5 滴

依心情
提高專注力 Recipe

檸檬草	10%	3 滴
藏茴香	1%	7 滴

5　性感派

　　用性感派來稱呼那些深諳魅惑之道的高手應該不為過吧。他們總是探究何謂美,並且散發出好萊塢影星般的無窮魅力。只要是日復一日研究美、挑戰美的人,不分男女,都是性感派的一員。性感派的人時尚品味也充滿戲劇性,喜歡尺寸較大的飾品,髮型也比較立體,外衣下搭配的衣服也往往在外衣褪去後令人驚豔。

Key Word
魅惑的、挑逗的、性感

代表性香氣
依蘭依蘭、晚香玉、勞丹脂

推薦配方
以下配方結合了甜美的香草與妖豔的花香,創造挑動感官的香氣。加入廣藿香後香氣會更加飽滿。依蘭依蘭的精油分成很多種,若選用特級依蘭依蘭精油可以調出充滿性魅力的誘惑香氣。

Recipe		
依蘭依蘭	10%	6 滴
廣藿香	10%	2 滴
香草	1%	2 滴

帶著微微乳脂感的檀香，包覆住晚香玉和香草甜美又令人沉溺的香氣，而廣藿香則提供了整體香氣骨幹。4種香氣交織在一起靜靜發香，彷彿暗示著隱藏在平靜外表下的熱情。

Recipe		
晚香玉	1%	6 滴
檀香	10%	2 滴
廣藿香	10%	1 滴
香草	1%	1 滴

黃葵籽是唯一一種能萃取出麝香調精油的植物原料，說它是為性感派而生的香料也不為過。搭配帶點性感與異國情調的小荳蔻可以增添神秘感，而黑胡椒的辛香調性則能讓香氣表現更加奔放。

Recipe		
黑胡椒	1%	3 滴
小荳蔻	1%	1 滴
勞丹脂	1%	2 滴
黃葵籽	1%	4 滴

依場合
正式場合 Recipe

安息香	10%	4 滴
勞丹脂	1%	3 滴
零陵香豆	1%	2 滴
香草	1%	1 滴

依場合
休閒娛樂 Recipe

佛手柑	10%	7 滴
晚香玉	1%	2 滴
橙花原精	5%	1 滴

依心情
轉換心情 Recipe

佛手柑	10%	8 滴
岩玫瑰	1%	2 滴

依心情
提高專注力 Recipe

蠟菊	1%	4 滴
芳樟	10%	6 滴

6 活潑派

活潑派往往給人活潑可愛的印象，比方說無論到了幾歲都適合穿牛仔褲、洋溢著青春感的男性，或是偏好穿著棉質之類較厚材質服飾的女性。喜歡小巧可愛的小東西的人，愛護鞋子、總是勤加保養的人，希望他人了解自己有趣性格的人，都屬於這一派個性。

Key Word
可愛、友善、不做作

代表性香氣
甜橙、葡萄柚、橘子、香草

推薦配方
討喜的甜橙氣味是最適合活潑派的柑橘調香氣，再搭配另一種柑橘調材料能調出更鮮活的香氣。而加入少許的香草，還可以增添一點撫媚感。

Recipe		
甜橙	10%	4 滴
橘子	10%	4 滴
香草	1%	2 滴

胡蘿蔔籽精油萃取自胡蘿蔔種子，帶點甘甜、又有股類似爽身粉的特殊氣味。葡萄柚幸福洋溢又明亮的印象與檸檬葉的酸甜感，更增添了一分愉悅的印象。

Recipe		
葡萄柚	10%	7 滴
檸檬葉	10%	1 滴
胡蘿蔔籽	1%	2 滴

活潑派的人雖然天真得像孩童，有時也會展現出性感的一面。各位不妨試著用美食調的咖啡搭配麝香調，調出趣味性十足的香氣。美味又神祕的香氣交纏在一塊，保證能帶來香調漸變的樂趣。

Recipe		
咖啡	5%	3 滴
黃葵籽	1%	7 滴

依場合
正式場合 Recipe

柚子	10%	5 滴
檸檬	10%	3 滴
芳樟	10%	2 滴

依場合
休閒娛樂 Recipe

甜橙	10%	4 滴
葡萄柚	10%	5 滴
桂花	1%	1 滴

依心情
轉換心情 Recipe

白松香	1%	2 滴
橘子	10%	8 滴

依心情
提高專注力 Recipe

萊姆	10%	1 滴
檸檬	10%	4 滴
薰陸香	1%	5 滴

依個性享受不同的香氣配方

以上介紹了不同個性適合的香氣配方，配方都設計得很單純，鼓勵各位根據自己個性的基礎配方加以改編，例如依喜好增減各種精油的用量或更換種類。

這些配方不只能拿來調配自用香水，想要送禮物給重要的人時也能以這些配方為基礎，發揮創意設計出對方喜歡的香氣。

雖然每個人對於香氣的偏好可能會因為當天心情、場合、季節而改變，不過個性並不是說變就變的東西。如果仔細觀察自己對於香氣喜好的轉變，會發現這種變化和你的情感有密不可分的關係。建議大家基於符合自己個性的配方，傾聽心的動向，選擇想要的精油，並配合當下的心情調配合適的香氣。

你還可以依喜好挑選「精油意象輪」上位置相近的精油替換配方中的材料。如果手邊缺少配方中的材料，同樣可以選擇「精油意象輪」上位置相近的精油來代替。

雖然這一章的調香方式著重於香氣的意象，但還是希望各位應用前面章節說明的調香技巧，顧及香氣的立體感受與平衡，在設計配方之前仔細斟酌要調製的香氣類型，如此一來你的作品品質也會大幅提升。

Part 5　　進階篇

效仿
名牌香水

向名香取經

　　傑出的香水作品，我們稱之為名香。這種香水就像美術史上的名畫，千古流芳。法國人給了這樣的作品一個名字——Grand classique（偉大的經典香水）。

　　這一章節我們要仿效調香師受訓時的學習方法，參考名香的配方，學習調香之道。

　　我們模仿名香是為了培養調香的技術，紮下創造優秀作品的基本功，並探究諸位藝術家創造出名作的背景。道理正如學習書法，得先從模仿範本的基礎筆法開始。梵谷也曾為了鑽研新的表現手法而模仿過日本浮世繪。

　　模仿名香還有一個理由。任何歷久不衰的藝術作品，都是因為其中含有普遍的美與放諸四海皆準的宏大主題，而那些名香長久以來頌聲載道的理由也正是如此。我們了解名香的創作主題與概念是如何構成後，就有辦法想像調香師是基於什麼理由選擇某種香氣、設計配方，參透優秀作品背後的道理。

　　這一章會介紹24款名香，敘述這些香氣的誕生故事，講解它們何以歷久不衰以及各自的香氣特徵。

　　香水需要堪比樂譜的配方才能演奏出優美的香氣旋律，所以我會介紹每一款名香的配方。只不過希望各位先了解一件事，這些名香在製作時都有加入合成香料，而我列出的配方只含天然香料，所以成品的香氣不可能完全一致。這堂課旨在用天然香料模擬名香配方，表現其吸引大眾的香氣特徵與主題，而非重現一模一樣的香氣。

調香師

在法國，以香氣為媒介從事創作活動的調香師稱作Parfumeur。有時為表親暱與尊敬，也會稱為NEZ。

NEZ在法文中的意思是「鼻子」。因為調香師是運用鼻子、操舞香氣完成一件又一件的作品。

雖然調香師的工作需要具備化學知識，不過法國人依舊將調香視為創作，也將香水視為一種藝術作品，因此調香師的地位形同藝術家。

而且就如同音樂家和畫家不需要證照，「Parfumeur（調香師）」也沒有什麼專業證照。

只要有能力製作香氛作品，人人都能成為「調香師」。

我在這一章編列好幾款名留青史的傑作，這些香水在調香師卓越的創造力下昇華成偉大的名香，無論時代怎麼變遷，始終深得人心。

雖然新的作品層出不窮，但香水就和其他藝術品一樣得經過歲月長久的考驗，證明其優越後方能冠上名香的稱號。

不過現實是，現代的香水業界更加重視市場行銷，銷量掛帥，所以不論哪個品牌的香水都已經算不上純粹的藝術作品了。

香氣是一種文化，香水是一門藝術……

我認為這樣的想法應該要延續下去才是，所以眼見現狀未免有些痛心。

調香師應具備創意超群的創造力，同時——或說更需要具備分析大眾喜好的能力，以及調出符合多數人喜好香氣的技術與品味。不過現在那些知名品牌推出的新作品，大多已淪為以實際利益和行銷為導向的創作了。

基於這樣的時空背景，近年來冒出愈來愈多主打特色香氣與概念的小眾品牌。這些小眾品牌雖然在市場上的知名度不高，卻深深吸引著特定客群。他們的支持者大多都有個人堅持，而且是在尋找符合嗜好的產品時偶然認識該品牌，所以比起一般知名品牌的支持者，對於品牌的愛和忠誠度往往更加強烈。

　　若算上小眾品牌，每年問世的新香水隨隨便便都超過3000種。為了在激烈的競爭中脫穎而出，負責宣傳的人用盡一切符合時代潮流的廣告手段，並不斷尋求更能接軌消費者的溝通方法。或許將訊息寄託在可見的容器（香水瓶），試圖賦予看不見的香氣更多吸引力，也是自然而然的發展。

　　香水堪稱香氣珠寶，而作為容器的香水瓶也隨著玻璃生產技術的日新月異而發展出各種型態。
　　先有雷內・萊儷（René Lalique）、皮耶爾・狄南（Pierre Dinan）、賽爾居・曼叟（Serge Mansau）等玻璃匠人兼設計師的創作，後有時尚設計師與室內設計師著手設計小香水瓶（flacon），催生出人稱「香氣之家」的造型。

　　考量到香水的市場環境，業界與著重香氣的自由創作精神漸行漸遠也是無可奈何。但是你自己製作的天然香水就絲毫不受這般限制，所以請各位盡情享受使用純天然香料製作香水的奢侈感，將你的心意寄託在香氣上，精心挑選香水居住的容器，投入創作香氣的樂趣吧。

學習調香　名香一覽表

1	Azzaro Pour Homme	AZZARO
2	Ambre Précieuxe	Maitre Parfumeur et Gantier
3	Infusion d'Iris	PRADA
4	Vent Vert	Balmain
5	Angel	Thierry Mugler
6	Eau Sauvage	Dior
7	Opium	YVES SAINT LAURENT
8	Classique	Jean Paul Gaultier
9	Jicky	Guerlain
10	J'adore	Dior
11	Shalimar	Guerlain
12	Femme	ROCHAS
13	Pour un	Homme Caron
14	Féminité du Bois	Serge Lutens
15	Fracas	Robert Piguet
16	Vétiver	Guerlain
17	Miss Dior	Dior
18	Mitsouko	Guerlain
19	Youth Dew	Estee Lauder
20	Rose Absolue	Goutal
21	Bleu de Chanel	CHANEL
22	Terre d'Hermès	Hermès
23	Jean-Marie Farina	Roger & Gallet
24	Black XS	Paco Rabanne

AZZARO是義大利時裝設計師洛里斯‧阿札羅（Loris Azzaro）於1965年成立的品牌，歷經10年在高級訂製服界斬獲成功，接著開始投入香水製作。Azzaro Pour Homme就是他們推出的第一款香水。

擁有拉丁血統的洛里斯，以義大利男性搭訕、誘惑女性時的方法作為概念設計他的第一款香水，因此這款香水充滿陽剛氣息，可以感受到試圖引起女性興趣的意圖。香氣在幹練中又具備溫柔體貼的安心感，可當作男性獵豔時的利器。

義大利男人是出了名的懂搭訕，精通迷倒女性的甜言蜜語，大方開朗卻不失紳士風度。洛里斯雖然長年於巴黎從事設計工作，卻始終心繫義大利。他之所以會想用香氣表現義大利男性的魅力，以及他們在女性面前能不動聲色扮演紳士風範的性格，或許是因為他的父親生於拉丁風情最濃烈的西西里島，而他的母親來自優雅時光流動不息的佛羅倫斯。

這款香水的前調是以薰衣草、大茴香系的羅勒和檸檬那般清爽宜人的柑橘香氣構成。接著隱隱透出小荳蔻、藏茴香等偏男性的辛香調，還有一點木質調香氣與沉厚的橡苔氣息，最後則由獨一無二的琥珀調和菸草香氣收尾。

🏵 *Pyramide*		
Top	檸檬 薰衣草 苦橙葉 百里香 羅勒 白松香	
Middle	芫荽籽 天竺葵 玫瑰 洋甘菊 孜然 胡椒 丁香 小荳蔻	
Last	維吉尼亞雪松 香豆素 橡苔 廣藿香 岩蘭草　菸草	

🏵 *Recipe*		
薰衣草	10%	3 滴
天竺葵	10%	1 滴
丁香花苞	1%	1 滴
維吉尼亞雪松	10%	5 滴
岩蘭草	1%	5 滴
橡苔	1%	4 滴
零陵香豆	1%	1 滴

　　要說Azzaro Pour Homme只是表現了普遍認知上的帥氣也確實沒錯，但也不能否認這款香水在營造性感氛圍的表現上十分穩健，也因此能成為男性複奇類香水經典中的經典。Azzaro Pour Homme就是靠著不受流行影響、維持一貫古典風格，同時又有一點原創性等特色擄獲廣大群眾的心。

　　這款香水已經受歡迎了將近半世紀，香水瓶的造型也沒有劇烈變動，不過宣傳廣告的形象倒是時時變化。雖說香水理念依然，不過AZZARO也與時俱進，形塑出符合現代男性的性感印象，讓義大利男人的魅力永不褪色。他們宣傳用的形象照上也經常出現意識到美麗女性存在的男性，充滿了誘惑感。

　　Azzaro Pour Homme是Firmenich前調香師傑拉爾‧安東尼（Gerard Anthony）早期的作品。

Ambre Précieux意為「珍貴琥珀」，調香者為阿蒂仙之香（L'Artisan Parfumeur）的創辦人兼調香師尚弗蘭索瓦·拉波特（Jean-Francois Laporte）。

拉波特於1976年脫手自己創立的阿蒂仙之香，1988年另創一個名稱充滿17世紀情懷的品牌Maitre Parfumeur et Gantier（MPG）。17世紀是一個優雅的時代，人們擁有巴洛克藝術的美感，也很注重出席晚會時自己身上的香氣。當年的調香師不吝於使用稀有材料，在創作上不斷求新求變。這個新品牌的名稱或許就是為了向那個時代的調香師致敬。

不過他的第2個品牌也走上相同的路，1997年被尚保羅·米雷拉傑（Jean-Paul Millet Lage）收購。

話又說回來，Maitre Parfumeur et Gantier的意思是偉大的調香師與手套匠。調香與手套製造業在17世紀屬於同業，唯有國王認可的工匠才能冠上這個名號。

Ambre Précieux於1988年問世，是MPG草創期的作品，特色在於混合了大量的琥珀調香氣。琥珀調在這幾年很受歡迎，但以前因為其溫暖又魅惑的性質而被歸類於東方調，直到2000年蘆丹詩（Serge Lutens）推出的香水Ambre sultan展現出有別於東方調的特色，接著陸續出現結合了樹脂、勞丹脂、香草等具有獨特圓潤感的香水，而後又有人加入麝香調材料，交織出嶄新的琥珀調香氣，琥珀調才在2005年正式成為香氣金字塔

❦ *Pyramide*	
Top	薰衣草 香桃木
Middle	肉豆蔻
Last	祕魯香脂 吐魯香脂 勞丹脂 廣藿香 香草

❦ *Recipe*		
肉豆蔻	10%	1 滴
檀香	10%	1 滴
香草	1%	4 滴
勞丹脂	1%	10 滴
安息香	10%	4 滴

中獨立存在的分類。而追溯琥珀調的發展史，Ambre Précieux就是最早使用琥珀調原料的香水之一。

面對流行，從歷史中出土的琥珀調香氣以反時代潮流而行的另類新鮮感作為武器，展現出眾的特色。Ambre Précieux的配方中包含大量樹脂類香氣與香草，彷彿鍾情於樹脂類天然香料與香草交織出的美感似地，展現異於以往東方調的個性。我們也可以從這款香水的配方上，學習如何搭配多種辛香料的香氣。

薰衣草、香桃木、肉豆蔻的組合表現清爽，卻又擁有在瞬間橫掃千軍的強大存在感，因而成就這款挑剔的高貴人士也不禁驚艷、讚嘆的香水。

MPG店裡現在也有不少符合富貴男性形象、香氣優雅又有力的香水。而這些香水也令我想起，我有位朋友年輕時曾向品牌創始人拉波特學習，朋友說他的態度總是十分謙和，是名貨真價實的雅士。

93

Infusion d'Iris的主題香氣是天然香料中最昂貴的鳶尾花，而且是由奇華頓（Givaudan）的調香師丹尼耶拉・安德烈（Daniela Andrier）負責調配。

香水以白松香的綠香與橙花柔軟的花香展開，隨後是鳶尾花的爽身粉調香氣。Infusion的意思是「浸漬液」。Infusion d'Iris風格輕盈，就算噴滿全身也不必擔心味道過重，我想就是因為這種用起來沒負擔的特色才讓日本人有段時間為之瘋狂。

從名稱就能看出這款香水的核心香氣是具有粉香的鳶尾花（Iris）。義大利自古以來就習慣在亞麻布製品上沾染鳶尾花的香氣，因此鳶尾花的香氣普遍給人一種潔淨感。

Infusion d'Iris以鳶尾花為基調，加入豐沛的柑橘調，再點綴一抹淡淡的橙花香，構築清晰、溫和又安詳的模樣與骨幹。

不過它的香水瓶上並不像一般淡香水與香水一樣有標示香氣類型。熟悉香水的人通常會根據瓶外標示的類型來想像香氣的濃度與持續時間，不過以這款香水來說，唯一的參考基準就只有Infusion這個名稱了。

❧ *Pyramide*	
Top	橘子
Middle	橙花精油 白松香
Last	維吉尼亞雪松 岩蘭草 乳香 安息香 鳶尾花 白麝香

❧ *Recipe*		
枸櫞	10%	10 滴
橙花精油	10%	3 滴
鳶尾花	1%	7 滴

※可以用無水酒精稀釋10倍，並加入總量1成的純水做成古龍水使用。

香水可大致分成4種類型，分別是香精（parfum）、香水（Eau de parfum）、淡香水（Eau de Toilette）和古龍水（Eau de Cologne）。Infusion同時也是香草茶的別稱，所以Infusion d'Iris雖有浸漬液之名，但還是能想像這是一款性質接近古龍水，略帶幽幽鳶尾花香的輕盈路線香水。

而按照上面配方調製出來的成品，還可以透過不同的稀釋比例大幅改變香氣的印象。這就好比我們如果在路上聞到淡淡的茉莉花香會覺得舒服，但濃度太高則會令人頭昏腦脹。如何稀釋調配好的香水，也是完成最終香氣表現的重要步驟。

雖然香氣配方是由調香師設計，不過成品濃度則常常取決於品牌的行銷負責人。因為香氣原物料的多寡是判斷香水合適定價的基準，而一項商品的開發只許成功不許失敗，所以還必須根據消費者喜好考量香氣需要多濃郁、持久時間應該多長。

微量的鳶尾花就能創造溫柔、優雅的爽身粉調香氣，營造高雅氣質。Infusion d'Iris確實不愧對傑作之名，因為它運用現代品味烘托出鳶尾花的特徵與美感，為鳶尾花帶來了新的可能。

4　Vent Vert

Balmain

花香類　*1947*

Vent Vert意為「綠風」，是調香師潔梅努・瑟利葉（Germaine Cellier）根據名稱意象調配的青草花香調香水。

白松香的特色非常強烈，不易拿捏用量，但瑟利葉的配方相當大膽前衛，白松香竟占了整體原料的8％。除此之外她也留下Fracas、Bandit等歷史名作，而且這些香水的大膽配方與特殊香氣完全不遜於Vent Vert。

但好巧不巧，Vent Vert的發表時間撞期迪奧（Dior）的Miss Dior，後者也是綴以綠香調香氣的西普類香水。

1947年的法國剛走出第二次世界大戰，百廢待興，也進入一個全民意識抬頭，重新思索女性形象的新時代。

回顧歷史，不難發現市場偏好清新潔淨的綠香調香水時，往往和民眾追求自由、渴望回歸自然懷抱等時代風潮息息相關。

1970年代，越戰促使人們追求反璞歸真，此時也冒出Aliage（雅詩蘭黛）等綠香調特色突出的香水。近年來全球吹起有機風，綠香調的聲勢也水漲船高。但其實綠香調的香氣幾乎都來自人工製造的合成香料，天然香料之中反而相當少見。儘管如此，使用這些合成香料製作的香水竟能讓我們聯想到自然，心靈也彷彿獲得洗滌，實在有趣。

	❧ *Pyramide*
Top	羅勒 檸檬 佛手柑
Middle	白松香 大花茉莉 玫瑰 鈴蘭
Last	岩蘭草 蘇合香 橡苔 海狸香

❧ *Recipe*		
檸檬	10%	4 滴
天竺葵	10%	5 滴
大花茉莉	10%	1 滴
白松香	1%	3 滴
岩蘭草	1%	2 滴
橡苔	1%	5 滴

　　白松香算是較知名的綠香調天然香料，其他還有紫羅蘭葉、薰陸香，一樣都具備非常濃烈的香氣，必須注意用量。雖然運用不易，但這類香氣就像項鍊、耳環等飾品一樣擁有魔力，一點點就足以讓香水整體的印象脫胎換骨。

　　無論是香水、音樂、繪畫還是文學，只要是反映時代背景的作品，都乘載著時代的故事。這些作品就好比過往歷史故事的記憶結晶。
　　各位不妨也仿效這些作品，嘗試深入這個世界、這個宇宙展開的浩瀚自然與歷史交織而成的時代背景，創造反映時代的香水。說不定你還能從中發現前所未有的創意。

5 Angel

Thierry Mugler

東方類　*1992*

　　Angel主要的美味香氣，令人聯想到棉花糖、巧克力、牛奶糖、糖果……等兒時甜點。這款香水之所以誕生，要從提耶利‧繆格勒（Thierry Mugler）認識了克蘭詩（CLARINS）的薇菈‧史特縷碧（Vera Strubi）開始說起，並且要歸功於調香師奧利維‧奎斯普（Olivier Cresp）絞盡腦汁，想出前所未有的配方表現了兩人歌頌的主題。

　　最後誕生的Angel雖然屬於東方調，卻擁有美食調的香氣。後者那股猶如糖果般的甜美氣味在香水史上前所未見，日後更成為香氣金字塔上的新分類，寫下香水史劃時代的里程碑。Angel取得商業上的莫大成功，銷量甚至一度超越永遠代表法國的香水CHANEL N°5，超過5年占據法國香水銷售寶座。

　　自然界中的美食調香料有可可、咖啡、香草、甘草、蜂蠟。這些原料現在拿來製作香水或許不值得大驚小怪，不過當年薇菈等人準備推出全新嘗試的Angel之際，可是有許多相關人員勸告他們這類香氣並不符合大眾喜好。

　　Angel香水瓶的承包者回想當年的情景時曾懷念地表示「我受託開了香水瓶的模，想說先接下最小訂購量試試看，現在這個數字後面不知道要加幾個零了。當時根本沒人料到結果如此成功，更別提香水的概念會這麼受到大眾歡迎。」

❧ *Pyramide*		
Top	佛手柑 橘子	
Middle	百香果 桃子 杏桃	
Last	廣藿香 可可 蜂蜜	焦糖 香水草 香草

❧ *Recipe*		
橘子	10%	5 滴
廣藿香	10%	7 滴
香草	1%	8 滴

　　業者為了實現提耶利朝思暮想的那種湛藍瓶身，甚至開發出堪稱技術革命的特殊機器，成就了現在這種裝著水藍色液體的天藍色星型玻璃瓶。

　　每個人的心中都揣著一些懷念的回憶和孩提時代的幸福瞬間，像是吃甜點時的快樂、融化人心的甜蜜甜點滋味。Angel之所以吸引人，肯定是因為其香氣能喚醒這些記憶。說到香氣與記憶的關聯，有一項和瑪德蓮蛋糕有關的知名心理現象叫「普魯斯特現象」。簡單來說，就是無論何時聞到與幸福記憶緊密連結的香氣，都能瞬間喚回早已遠去的幸福時光。

　　當我們參考Angel運用美食調的香料時，須避免調配的香氣太甜膩，否則使用起來會很不舒服。這時穿插木質調香氣就相當重要，例如廣藿香。Angel的調香師奧利維也曾說，大量的廣藿香是這款香水表現優異的關鍵。

　　我在Part 3講解各種香氣類型的調香法時提過，廣藿香和香草都是調配東方調香氣和弦的關鍵香料。廣藿香的氣味除了令人聯想到嬉皮風，其濃烈的特色也常常令人聯想到阿拉伯世界的女性。廣藿香擁有奧妙的魔力，實用性高，只要搭配得宜就能衍生出截然不同的風貌。

　　想要避免調製的香氣太過甜膩，或希望香氣骨幹強健有力時，別忘了廣藿香可能就是解決問題的關鍵。

6 Eau Sauvage

Dior

柑橘類　1966

　　Eau Sauvage是調香師艾德蒙・盧德尼茨卡（Edmond Roudnitska）設計的男性香水，發售時因前所未有的風格掀起一陣熱潮。以往的男性香水是以充滿薰衣草香氣的馥奇調為主流，不曾有像Eau Sauvage一樣充滿鮮嫩、柔軟花香的產品。

　　這股花香來自當初某香料公司開發的獨門合成香料「二氫茉莉酮酸甲酯（Hedione）」。這種合成香料是根據茉莉花中分離出來的某種香氣分子所製成，是現代花香調香氣的必備原料，現在更幾乎是所有男女性香水中不可或缺的調香材料之一。

　　我有個朋友曾在Eau Sauvage剛發售時買來當禮物送給她父親，但伯父起初似乎不太喜歡這種花香調，覺得男人怎麼能噴這麼女孩子氣的香水，所以遲遲不敢嘗試。沒想到後來他不只整瓶用完，還請我朋友再買一瓶給他，此後Eau Sauvage便成了伯父的常備香水之一。

　　這款香水有趣就有趣在使用的女性也很多，我那位朋友也是其中之一。她說Eau Sauvage清爽香氣中的輕盈花香很舒服，沉穩的後調也很優雅，所以好多年來都有在使用。其實這款香水的開發概念就是希望做出男女都喜歡的香氣，以現在的觀點來看應該算是中性香水的先驅。Eau Sauvage大受歡迎的秘密，就藏在這項理念之中。

❦ *Pyramide*		
Top	佛手柑	
	檸檬	薰衣草
	迷迭香	百里香
	羅勒	
	苦橙葉	
Middle	二氫茉莉酮酸甲酯	
	大花茉莉	
	玫瑰	
Last	橡苔	
	岩蘭草	
	白麝香	

❦ *Recipe*		
佛手柑	10%	7 滴
檸檬	10%	6 滴
龍艾	10%	3 滴
橡苔	1%	2 滴
勞丹脂	1%	2 滴

Eau Sauvage的後調有一點類似西普調，紮實而飽滿的印象來自橡苔、勞丹脂等樹脂或樹苔系的香氣。前調清新，飄著幽幽花香，隨後又轉化為西普調。如此優美的香氣變化，完全符合法國香水的原則。

Eau Sauvage意味著「野生的水」，現代依然是經典男性香水之一。2010年迪奧還擷取了亞蘭德倫（Alain Delon）年輕時拍的電影《豔陽光》（La Piscine）片段用來宣傳。這款定位為永恆巨星的家族成員包含了Eau Sauvage Extreme、Eau Sauvage Fraicheur Cuir、Eau Sauvage Parfum，2015年迪奧更推出名為「SAUVAGE」，但與原版風格截然不同的新香水。Eau Sauvage自1966年誕生以來就不斷跟隨時代的腳步一變再變。

Opium的調香師和DUNE（迪奧）、Bel Ami（愛馬仕）一樣是尚路易·休札克（Jean-Louis Sieuzac）。

Opium的意思是鴉片，要說它強烈的香氣具有成癮性也不誇張，任何人只要噴過一次都將再也離不開它，毫不愧對「毒品」之名。

伊夫·聖羅蘭（Yves Saint Laurent）當初以獻給中國女皇的香氣為概念，描繪出一幅黃、藍、紅煙火華麗綻放的大排場東洋情景，並朝著類似於Shalimar和Youth Dew的強烈個性前進，最後設計出這款辛香調突出的東方類香水。

1970年代有許多法國香水都看得見對東方的憧憬與印度的影響。Opium發售的隔年，蘭蔻（LANCÔME）和雅詩蘭黛也分別推出了Magie Noire（黑魔法）、CINNABAR（朱紅色）2種東方調性的香水。

Opium也算是時勢造英雄，其香氣特色在於深沉的樹脂類香氣與多種辛香料氣息，簇擁著依蘭依蘭魅人的花香。而且為了加深印象，它的香料濃度甚至創下法國香水的歷史新高。

Opium提高香氣濃度、加強印象的做法，也是一封對美國香水所下的挑戰書。時逢美國香水崛起，逐漸能與注重傳統與經驗的法國香水互別苗頭。當時美國香水比起香氣品質，更注重強度與持香度，而這樣的取向在商業上非常成功。法國市場也有引進美國香水，所以Opium也得以東方調香氣和高濃度為賣點與之抗衡。

❦ *Pyramide*	
Top	醛香 芫荽籽 橘子 柳橙 李子
Middle	依蘭依蘭 大花茉莉 玫瑰 丁香 肉桂
Last	廣藿香 香草 安息香 勞丹脂 沒藥 紅沒藥

❦ *Recipe*		
橘子	10%	2 滴
依蘭依蘭	10%	2 滴
純質玫瑰	10%	2 滴
丁香花苞	1%	6 滴
廣藿香	10%	5 滴
香草	1%	3 滴

　　據說Opium並非休札克獨自開發，而是和其他好幾位調香師一起窩在收藏著各種禁忌與驚世駭俗配方的Roure研究室內共同完成。日後這款法國香水風靡了全球，因為只要滴上一滴，就能帶來東方愛情的幻影與魔法，讓女性從日常生活中解放。

　　Opium就此成了辛香東方調的代表，並催生出香奈兒的COCO香水。

8 Classique

Jean Paul Gaultier

花香類　1993

Classique的香水瓶設計成女性軀幹的造型，並且裝在鋁罐裡面。這種包裝方式也透露出香水本身大膽的特色。有時品牌也會推出限量版瓶身回饋一直以來支持品牌的消費者，例如讓軀幹穿上蕾絲或花紋內衣。Classique是高堤耶（Jean Paul Gaultier）1993年發表的首款女性魅惑感香水，至今已經建立起穩定的粉絲群，也呼應其名稱的含意——永恆的模範。

Classique的調香者為雅各‧卡瓦利耶（Jacques Cavallier），他在2012年時接任路易威登（Louis Vuitton）的專屬調香師。雅各是受高堤耶之託，設計了這麼一款符合「極品女性」意象的香水。

Classique最大的特色就在於那令人念念不忘的香氣，而橙花扮演了相當關鍵的角色。

這令人留戀的香氣源自一種叫做鄰氨基苯甲酸甲酯（methyl anthranilate, MA）的合成香料，橙花和晚香玉都含有這種香氣分子。Classique以此為核心伸展開來的香氣宛如甜美又貴氣的花束，堪比女神繆思那令男人神魂顛倒、永遠無法忘懷的魅力。Classique歷久不衰的理由正是因為它簡明表現了女性的魅力，怪不得男性經常送這款香水給女性，也不難明白為何總有人說這款香水噴灑在女性胸口時的香氣最美了。

🌿 *Pyramide*		🌿 *Recipe*		
Top	薑	橙花原精	5%	8 滴
Middle	橙花原精 玫瑰 晚香玉 依蘭依蘭	依蘭依蘭	10%	4 滴
		晚香玉	1%	1 滴
		肉桂	1%	2 滴
Last	肉桂 琥珀 白麝香 香草	香草	1%	5 滴

Classique發售2年後，高堤耶又推出了一款名為「Le Male」的男性香水。Le Male是法文的雄性，也指稱男人。香水瓶設計成男性軀幹的造型，香氣為薰衣草與橙花的組合，而且和Classique同樣具有令人難以忘懷的綿延尾韻。題外話，「Le Male」從2000年開始有好幾年都創下法國最熱銷香水的紀錄。有段時期走在巴黎的瑪黑區（Le Marais）——時尚敏感度超高的同志經常活動的區域——路上隨隨便便都能聞到「Le Male」的香氣。

高堤耶這2款香水，是否各自象徵著他心目中美好的男性與女性形象？抑或是他美好戀人的模樣？無論如何，兩者皆有的綿延尾韻宛如戀人遠走後留下的餘溫，又像訴說著與愛侶相伴時光的幸福餘韻。

9 *Jicky*

Guerlain

馥奇類　*1889*

Jicky是埃梅‧嬌蘭（Aimé Guerlain）的作品，有人說男性使用能凸顯野性，女性使用則能展現挑動感官的柔美香氣。更甚者，使用者本身和使用場所都會影響其香氣的表現。這種變化多端、轉瞬即逝的香氣性質，證明了Jicky原料中含有大量的天然香料。

當我們談論現代香水時，絕對不能忽略Jicky。因為埃梅‧嬌蘭在製作這款香水時，加入了當年才發現不久的香草醛（vanillin）和香豆素等合成香料，試圖打破以往香水一味模仿花香的路線，以香氣描繪情景和情感之類的抽象概念。Jicky複雜而細膩的調性加上驚人的持香度跌破世人眼鏡，更大大扭轉了香水界的創意走向。這也是為什麼Jicky號稱第一款近代香水。

Jicky的香氣在當年毫無疑問具備劃時代的新鮮感，但即使放到現代來看也具備迷人且熠熠生輝的新意。值得一提的是，Jicky的使用者多為嬌蘭的品牌支持者或擁有藝術家氣質的人。這款香水誕生於一個重視香氣藝術價值的時代，是一件貨真價實的藝術品。

據說這款香水最初發想自埃梅‧嬌蘭對於留學英國時期某位傾慕女性的思念，不過因為成品調性過於陽剛，所以最後便取他姪子雅各‧嬌蘭（Jacques Guerlain）的小名Jicky作為名稱，於1889年發表。

	Pyramide
Top	佛手柑 迷迭香 薰衣草
Middle	玫瑰 大花茉莉
Last	花梨木 岩蘭草 香草（香草醛） 紅沒藥 鳶尾花 零陵香豆（香豆素）

Recipe		
桉油醇迷迭香	10%	6滴
薰衣草	10%	5滴
天竺葵	10%	1滴
岩蘭草	1%	2滴
香草	1%	2滴
零陵香豆	1%	4滴

　　時代更迭，來到1920年代初期的巴黎。在大聲疾呼男女平權的時代浪潮下，女性發展出一種模仿男性率性穿著的男孩風時尚（Garçonne），也開始使用原本歸類在男性香水的Jicky。

　　而這也是現在嬌蘭將Jicky定位成中性香水的緣由。

　　Jicky的前調是偏男性的薰衣草、佛手柑和迷迭香，中調則轉為偏女性的茉莉花、玫瑰等花香，不過後調才是Jicky發揮真本事的地方；來自香草的香草醛與來自零陵香豆的香豆素，加上微微的動物類香氣，形塑出俗稱嬌蘭香（Guerlinade）的獨特香氣和弦。

　　迷人且停留在肌膚時間非常長的嬌蘭香是嬌蘭香水的商標，微微的爽身粉調香氣，宛如象徵著思想自由但不失矜持的古典女性意象。我想Jicky的魅力就藏在那自由與保守兼具的雙面性，以及特別強調香氣金字塔前調與後調的二元性之中。

10　J'adore

Dior

花香類　*1999*

　　J'adore在2000年代超過5年連續刷新法國香水銷量的歷史新高，現在更跨越偏好不同的文化藩籬風靡全球，成為無與倫比的香水。這款Dior的自信之作屬於嬌嫩又華麗的花香類香水，香氣有如金色的瓊漿玉露般奢華，無窮魅力甚至能讓所有女性在使用後脫口說出「J'adore」（我愛死它了）。

　　J'adore公開亮相前，我剛好有幸透過一位迪奧女性職員體驗了試作品。那位行銷部門的職員向我介紹香水特色時充滿自信的神情，可以看出她對於保障這款香水未來的成功已經善盡了人事。J'adore的調香師是卡里斯·貝克（Calice Becker），聽說配方中最重要的一點是西洋梨的香氣。雖然她拿給我的試作品因為一些意外而導致瓶身破損，所以裝在塑膠袋裡，不過那瓶初生J'adore已經散發出未來能迷倒全球女性的舒服、輕盈果香。

　　日後接任迪奧專屬調香師的弗蘭索瓦·德瑪西（François Demachy）曾提到小花茉莉是打造J'adore獨特香氣的原料之一。

　　茉莉花大致上可分2種，一種是和玫瑰一樣常用的大花茉莉（Jasminum grandiflorum，又稱西班牙茉莉），另一種是用來做成茉莉花茶的小花茉莉（Jasminum sambac，又稱阿拉伯茉莉）。小花茉莉的花瓣較厚且香氣鮮美，夏初的巴黎常常可以看到花販將小花茉莉做成首飾兜售。小花茉莉在當時已經是常見的精油原料，J'adore成功後更是產量大增，變得比以往更容易取得。

✤ *Pyramide*	
Top	橘子
Middle	李子　　黃玉蘭 小花茉莉 鈴蘭　　西洋梨 桃子　　玫瑰 紫羅蘭　依蘭依蘭
Last	白麝香 檀香 香草

✤ *Recipe*		
小花茉莉	5%	16 滴
檀香	10%	4 滴

　　我想藉這個機會，以晚香玉、枸櫞、蠟菊為例，稍微說明和小花茉莉擁有類似命運的幾種稀有香料。

　　香水之都格拉斯（Grasse）曾是晚香玉的產地，後來因為需求下降而停產。不過隨著迪奧推出Poison，格拉斯有段時間重新開始生產晚香玉。可以說Poison的成功刺激了晚香玉的生產。後來晚香玉的產地逐漸東移印度，直到現在依然持續供應市場。曾經聞過晚香玉香氣的人應該都很清楚那股難以抗拒的魅力。

　　枸櫞那股清澈的明亮香氣也同樣令人迷戀。枸櫞是法國科西嘉島的名產，1900年代初期當地製作的枸櫞皮果醬盛極一時，甚至銷往全球。聽說現在科西嘉島上有些農家也因為緬懷那段時光，再次栽種起了枸櫞。

　　蠟菊的情況也差不多。蠟菊自古以來就是義大利半島中部城邦伊特魯里亞（西元前8世紀～西元前1世紀）日常生活中常用的植物，後來人們發現可以做成化妝品與精油後再次引起矚目，也開始大規模生產。

　　以上幾種香料都是因為本身的香氣而吸引人們重新發現它們的好。

　　以試香紙沾取小花茉莉的精油時，那靜靜發散的淡麗香氣彷彿能在一瞬間將心靈淘洗得澄澈無比。要將香氣如此完美無瑕的香料拿來調配需要一點勇氣，畢竟一個不小心就可能會破壞它原有的美好。

　　假如你有天被某種美妙的香氣觸動心弦，調香時不妨選擇香氣性質類似、不會干擾其特色，或可以襯托主角美好的副材料。

Shalimar是嬌蘭第3代調香師雅各・嬌蘭調配的東方調香水代表作。

很久以前我朋友在香榭麗舍大道上碰到一位美國人要問路，但那名美國人問的不是「嬌蘭的店面在哪」，而是「哪裡買得到Shalimar」。雖然這已經是超過10年前的事了，不過也證明了當時Shalimar在美國的名氣甚至大過嬌蘭的品牌名稱。

Shalimar不僅是經典的東方類香水，也樹立了法國香水象徵著愛情的美好形象，直至今日依然是全球暢銷的香水之一。

Shalimar在梵文中意指「愛的神殿」。雅各・嬌蘭的創作靈感來自印度國王沙賈罕為悼念早逝的愛妃瑪哈而建造了泰姬瑪哈陵的愛情故事。

香水的關鍵原料是一種具有強烈香草香的合成香料——乙基香蘭素（Ethyl Vanillin）。這種成分比天然香草中含有的香草醛具有更濃烈的香草味，能創造前所未有的甘美氣味，甚至讓創作CHANEL N° 5的知名調香師恩尼斯・鮑（Ernest Beaux）說出「Shalimar的香草氣味濃郁得彷彿卡士達醬就擺在我眼前。」

❦ *Pyramide*	
Top	佛手柑 檸檬
Middle	大花茉莉 玫瑰
Last	祕魯香脂 安息香 香草 皮革 零陵香豆 廣藿香 鳶尾花 紅沒藥 海狸香

❦ *Recipe*		
佛手柑	10%	6 滴
大花茉莉	10%	2 滴
廣藿香	10%	7 滴
香草	1%	3 滴
零陵香豆	1%	2 滴

Shalimar的東方調香氣和弦已經成為現代不可或缺的香氣基礎素養，更是調香師培訓時必學的配方。

雅各‧嬌蘭以Jicky的構成——薰衣草、迷迭香結合具有獨特粉香的嬌蘭香——為基礎，盡可能去除掉草本的成分，藉此強化香草的香氣。這樣的方法對學習調香的人來說極具參考價值。

Shalimar極其甜美而深沉的香氣，因為帶點皮革調性而顯得更加無可取代。麝貓香（civet）是一種皮革調的動物性香料，和香草一樣都是Shalimar不可或缺的原料。尚保羅‧嬌蘭（Jean-Paul Guerlain）甚至形容「少了麝貓香的Shalimar就好比葡萄酒缺席的餐桌。」除此之外，從整體香氣表現來看也很難想像前調的佛手柑用量竟然占了整體的30%。

這也讓我們學到拿捏平衡的重要性。無論調製何種香氣，第一重要的是選擇對的香氣，第二重要的則是找出這些香氣最適合的用量和比例。

Femme是馬歇爾‧羅莎（Marcel Rochas）獻給第二任嬌妻的香水。

Femme在法文中意味著「女性」，加上所有格Ma之後則意為「吾妻」。或許這款香水真實表現了馬歇爾在妻子身上尋求的女性特質。

Femme配方的設計者是年輕時的艾德蒙‧盧德尼茨卡。這位傳奇調香師後來推出的作品，舉凡Eau Sauvage、Diorissimo、Eau D'Hermès皆是名留青史的傑作。雖然當時他資歷尚淺，不過在馬歇爾聯絡他時心中早有許多醞釀了1年的想法，其中之一受到了馬歇爾的青睞而演變成了Femme。

香水瓶的形象取自好萊塢一代豔星梅蕙絲（Mae West）。她是馬歇爾的朋友，也是當年的性感女神。艾爾莎‧夏帕瑞麗（Elsa Schiaparelli）在這之前推出的shocking也是以梅蕙絲為模板來設計香水瓶。

這款表現女性性感一面的魅惑感香水是由果香調與辛香調共舞的西普調香氣，特色是使用了令人聯想到體味的孜然。而蠟菊那股類似咖哩的獨特香氣，也和孜然一樣讓這款香水散現出女性的性魅力。

🌸 *Pyramide*	
Top	李子 佛手柑 桃子 花梨木
Middle	蠟菊 大花茉莉 玫瑰 依蘭依蘭 丁香
Last	孜然 琥珀 橡苔 廣藿香 檀香 安息香 香草

🌸 *Recipe*		
純質玫瑰	10%	3 滴
大花茉莉	10%	5 滴
孜然	1%	1 滴
廣藿香	10%	3 滴
橡苔	1%	3 滴
勞丹脂	1%	5 滴

　　馬歇爾曾說人30歲還不足以抵達高雅的境界，這款香水彷彿印證了這句話，更適合40、50歲的女性。滴一點在後頸，散發出成熟女性才擁有的氣質與性感，相信那些已經和你發展到能在耳邊呢喃的親密對象絕對會瞬間被你迷倒。雖然也有其他風格較為熟齡的香水，但若要學習如何調製性感的西普調香氣，分析Femme的配方會有很不錯的收穫。

　　不過也有些人覺得孜然聞起來很像人的體臭，所以不太喜歡。日本普遍來說也不熟悉孜然的氣味，所以讀者可能多少會抗拒用孜然調香。但這種特色強烈的香氣只要經過充分稀釋，就能以極少用量發揮驚人的效果。

　　大家可以利用少許孜然點綴西普調香氣和弦，或用蠟菊、藏茴香替經典西普調增添一抹撫媚。鼓勵各位在配方中安插些許特色強烈的精油，激發意想不到的效果。

卡朗（Caron）成立於1904年，Pour un Homme則是旗下著名調香師厄內斯特‧達爾綽夫（Ernest Daltroff）的作品。這是史上第一款男性香水，完全體現了卡朗堅守傳統而優雅的品牌精神，論品質、論藝術性皆備受讚譽。

Baccarat為卡朗打造的香水噴泉（Les Parfums Fontaine）不僅是卡朗的象徵，供消費者從噴泉瓶自行裝取購買量的銷售型態更是獨一無二的創意。不過比起香水噴泉，卡朗在法國更有名的是香氣優雅的香蜜粉。圓形蜜粉盒帶著各種繽紛裝飾，在古董圈也是相當搶手的產品。

言歸正傳，Pour un Homme的香氣特徵就在於男性香水上常見的薰衣草與香草組合，此外又疊加玫瑰與勞丹脂的琥珀調香氣，增加整體的厚實度，表現出永垂不朽的品牌精神：傳統與優雅。

Pour un Homme之所以創下佳績，正是因為其香氣意象與品牌形象一致。由於卡朗1911年推出Narcisse Noir時已經獲得不錯的迴響，因此在開發Pour un Homme時特別謹慎，深怕破壞先前建立的形象。他們以優雅的方式重新演繹傳統上屬於男性香氣的薰衣草，完成了這款新作品。

𓆸 *Pyramide*	
Top	薰衣草 迷迭香 檸檬 佛手柑 快樂鼠尾草
Middle	玫瑰
Last	香草 橡苔 勞丹脂 零陵香豆 維吉尼亞雪松 香水草

𓆸 *Recipe*		
佛手柑	10%	3 滴
薰衣草	10%	6 滴
勞丹脂	1%	10 滴
香草	1%	1 滴

　　眾所皆知，歌手塞吉・甘斯柏（Serge Gainsbourg）十分喜愛且推崇這款香水，甚至還寫了一首和珍・鉑金（Jane Birkin）合唱的歌來描述香水替自己增加了多大的魅力。即使如塞吉・甘斯柏這般算不上美型的男人，只要噴了香水也能迷倒千萬女性……藏於單純、粗獷外貌下的細膩與知性，偶爾還透露一絲優雅的成熟男性魅力，或許正是Pour un Homme迷人的秘密。

　　厄內斯特・達爾綽夫編組的香氣可以感受到男性俐落的個性，前調以少許柑橘類香氣點綴濃郁的薰衣草，接著轉化為玫瑰香，尾段則留下樹脂香。薰衣草與香草的香氣達到細膩的絕佳平衡，當中甚至能感覺到宛如化學家的一絲不苟。生在中產階級家庭的厄內斯特自小深諳優雅之道，這份優雅也投注在Pour un Homme的種種細節之中。

　　Pour un Homme可以說是一款反映了製作者個性的香水。在1930年代女性香水層出不窮的潮流下，厄內斯特反倒為當代男性獻上了這款名為「為男人而生」的真香水。

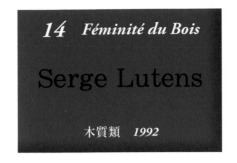

Féminité du Bois是首款女性木質調香水。

名稱的意思是「樹木的女人味」。

這款香水原本是資生堂的產品，後來才轉而名列蘆丹詩旗下。它多達70％的豐富木質香氣令人聯想到日本的風土，推出時整個香水界眼睛為之一亮。雖然以往也有加入木質調香氣的女性香水，如Bois des Iles（香奈兒）、SAMSARA（嬌蘭）就使用了香氣圓滿、帶乳脂感的檀香，不過以木質調香氣為主軸的香水絕大多數還是專門設計給男性使用。

Féminité du Bois的特色在於占了整體配方10％的大西洋雪松和維吉尼亞雪松，但又不只有清雅的木質調香氣，還加入玫瑰、依蘭依蘭、紫羅蘭等花香表現女性氣質。

此外也添加肉桂、丁香等辛香料，醞釀出神秘感。

這種靜靜擁人入懷的溫柔香氣，發想自1980年擔任資生堂形象創意設計師的瑟吉・蘆丹詩（Serge Lutens）。他負責統合意象，再交由調香師克里斯托福・謝爾德瑞克（Christopher Sheldrake）完成香水。

🌸 *Pyramide*		🌸 *Recipe*		
Top	桃子 肉桂	天竺葵	10%	2 滴
		小荳蔻	1%	6 滴
Middle	小荳蔻 丁香 李子 玫瑰 紫羅蘭 依蘭依蘭 橙花原精	大西洋雪松	10%	4 滴
		維吉尼亞雪松	10%	4 滴
		岩蘭草	1%	4 滴
Last	花梨木 檀香 大西洋雪松 維吉尼亞雪松 廣藿香 安息香 白麝香			

　　香水的意象源自北非摩洛哥的馬拉喀什城。蘆丹詩有次到馬拉喀什旅遊，有位木匠送他一塊大西洋雪松木塊，那股清冽的香氣大大刺激了他的感官。大西洋雪松產自摩洛哥當地的阿特拉斯山脈，從樹幹提煉出來的精油除了當作香水原料，也常見於芳療領域。

　　不過以香水的原料來說，維吉尼亞雪松更常見一些。維吉尼亞雪松聞起來很像削鉛筆時的那種溫和乾香。

　　蘆丹詩當初在馬拉喀什和幾位調香師討論Féminité du Bois的配方時，還請人將整顆大西洋雪松搬到旅館讓其他人聞香。於是諸位調香師就在木頭香氣的圍繞下神遊太虛，任憑香氣的意象茁壯。

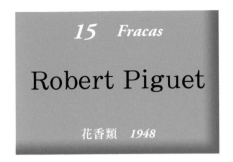

15　*Fracas*

Robert Piguet

花香類　*1948*

Fracas的製作者是1909年出生於法國波爾多的史上首位女性調香師
——潔梅努・瑟利葉。生性好奇外向，還曾因為景仰當代知名演員阿爾萊
蒂（Arletty），替自己取了個小名叫金髮的阿爾萊蒂。

當時的香水產業還是男性當道，女性調香師鮮有機會一展長才。不過她
1944年發表的首款香水Bandit憑著極度前衛的配方斬獲讚譽，替她爭取
到香水界的一席之地，接著又於4年後推出配方同樣大膽的Fracas。

提到瑪麗蓮夢露愛用的香水，我們總會先想到CHANEL N°5，但其實
Fracas也是其中之一。

Fracas有「躁動」、「喧嘩」的意思，其大張旗鼓的花香的確很符合巨
星的形象與巨星生活的世界。

這款香水最大的特徵與成功的關鍵，就在於使用了過量的晚香玉。超量
的晚香玉與橙花的香氣出奇和諧，同時強勁無比的香氣也教人永生難忘。

瑟利葉在發表Fracas前一年推出的Vent Vert，也因為前調具有鮮明的
白松香氣味而備受矚目。

❋ *Pyramide*		❋ *Recipe*		
Top	佛手柑	佛手柑	10%	3 滴
Middle	晚香玉 橙花原精 大花茉莉 康乃馨	晚香玉	1%	10 滴
		檀香	10%	3 滴
		橡苔	1%	4 滴
Last	維吉尼亞雪松 鳶尾花 橡苔 白麝香 檀香 岩蘭草			

　　雖然Fracas於1948年發表，但 Robert Piguet不久後便停業，香水也隨之停產，直到1996年才以復刻版的形式重回市場。再度亮相的Fracas聲望更勝以往，甚至獲得了「傳奇香水」的稱號。

　　其他也有幾款老牌香水像這樣重出江湖，但可惜並沒有忠實重現當年的香氣，幾乎都重新調整過配方以符合現代喜好。

　　當中也有少數復刻品牌堅持還原初始香氣，像是近年捲土重來的Lubin。重新發起該品牌的幕後推手是一位法國男性，我曾聽他分享過那一段心路歷程。他先是獲得了Vetivert的配方，後續又為了取得Lubin的權利而打了場漫長的官司。他談論創業之初有多忙碌時的神情簡直容光煥發，而象徵他美夢成真的巴黎店面Lubin Boutique，如今也陳列著完全遵循原始配方製作的Vetivert與其他新作品。

16　*Vétiver*

Guerlain

木質類　*1959*

Vétiver至今仍是全球熱愛的香水之一，在法國人眼中是一款保守派紳士常用的經典香水。

Vétiver是嬌蘭家最後一位調香師尚保羅・嬌蘭的創作，而且是他接任嬌蘭調香師後的首件作品。這款香水堪稱表現男性優雅極致的傑作，從1959年發售至今從未退流行。

其香氣魅力在於典雅氣質中又帶有野性而強力的陽剛特質。

天然的岩蘭草是最適合表現男性剛強、狂野一面的木質調香料。Vétiver以岩蘭草建構主題，並延攬豐富的柑橘香擔任陪襯。新鮮而奔放的柑橘調香氣減輕了岩蘭草的厚重，更賦予岩蘭草一分華麗感。

據說尚保羅的創作靈感來自嬌蘭家園丁身上的泥土、草葉、菸草氣味。當年他才22歲，但調香天賦已經在這款傑出的香水上嶄露無遺。

❦ *Pyramide*	
Top	檸檬 佛手柑
Middle	橙花精油 岩蘭草 維吉尼亞雪松 胡椒
Last	檀香 菸草 零陵香豆

❦ *Recipe*		
佛手柑	10%	4 滴
檸檬	10%	4 滴
維吉尼亞雪松	10%	2 滴
岩蘭草	1%	10 滴

如果只用天然精油描摩Vétiver特徵，那麼配方應該就是上面這樣了。

前調是檸檬和佛手柑。

至於本該出現在後調的岩蘭草則拉到香氣的中段表現。

使用如此大量的岩蘭草精油，理論上香氣會從中調一路延續到後調，所以我在後調加入維吉尼亞雪松，一方面不會破壞岩蘭草為主的整體香氣，還能發揮潤滑液的功效，協調岩蘭草與調性完全相反的柑橘香氣。

在男用木質調香水誕生如潮的1950年代，好幾款以岩蘭草為名的香水在法國掀起一波岩蘭草風潮；前有1957年的CARVEN、後有1959年的嬌蘭和紀梵希（GIVENCHY）。隨便挑一個歷史悠久的香水品牌，翻開旗下香水產品名冊，不誇張，一定能找到和岩蘭草有關的產品。岩蘭草是最能代表男性的天然香氣。

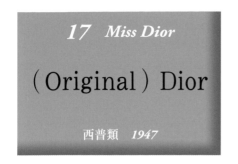

17 Miss Dior

（Original）Dior

西普類　1947

1947年，人們雖然浸淫在二戰結束後自由的喜悅中，卻也面臨經濟蕭條的窘況。此時克里斯汀·迪奧（Christian Dior）首次推出了日後人稱NEW LOOK的訂製服系列產品，這項重大舉動也打響了迪奧在世界的知名度。

NEW LOOK強調女性特質的版型符合時代的訴求，因而獲得極大迴響。同一年他發表的香水Miss Dior更大大確立了他作為設計師的地位。

「在一個帶著青草香的茉莉和著夜晚與大地的伴奏歌唱、螢火蟲紛飛的普羅旺斯之夜，Miss Dior來到了人間。」

克里斯汀·迪奧用上面這段話來形容Miss Dior的誕生。見他出口成章，不難窺見他的藝術造詣之高。畢竟他不僅與畢卡索、尚·考克多、達利等藝術家交好，自己也擁有一座畫廊。

Miss Dior的香氣組成雖然較為複雜，卻絲毫無損優雅風韻，令人捨不得錯過香氣中任何一絲嬌好的光輝。

起頭是白松香生動鮮明的綠香調，接著是玫瑰、茉莉、康乃馨等清香類花香調，以及西普調獨特的木質香氣，刻劃女性保守的天真爛漫卻又勇於奔向自由的形象。

這個配方的關鍵之處在於使用綠香調香氣替整體西普調風格畫龍點睛。宛如時尚雅士在瀟灑打扮中流露一絲頑皮，看似自然，實則經過精心設計。

❧ *Pyramide*			❧ *Recipe*		
Top	白松香 醛香 佛手柑 快樂鼠尾草		大花茉莉	10%	3 滴
			純質玫瑰	10%	3 滴
			白松香	1%	3 滴
Middle	玫瑰 梔子花 水仙 康乃馨	大花茉莉 橙花精油	廣藿香	10%	5 滴
			橡苔	1%	6 滴
Last	廣藿香 檀香 橡苔 勞丹脂 皮革	 鳶尾花			

　　話又說回來，負責調配Miss Dior的保羅・瓦謝（Paul Vacher）過去曾待在Roure的尚・卡雷（Jean Carles）身邊學習，也受到嬌蘭午夜飛行（Vol de nuit）的配方影響至深。我的恩師莫尼克・休蘭傑（Monique Schlienger）也是師承尚・卡雷這位調香大師。卡雷教育後進不遺餘力；他建立了獨一無二的調香方式，現在不只是法國，幾乎全世界的知名調香師都仰賴他那套方法紮穩調香技術的基礎。莫尼克老師將他從卡雷身上學到的種種傳授給我，我自己再結合日本的風俗民情研究調香方法，最後才得以寫出這本書。

　　Miss Dior因為堅守品牌精神，符合迪奧始終秉著勇氣、知性擁抱改變的姿態而得以歷久不衰。2005年迪奧宣布重新演繹Miss Dior的決定也印證了這款香水背後的理念。新版的Miss Dior Cherie跳脫傳統Miss Dior的印象，瞄準年輕世代，添加美食調與果香調的香氣構成現代西普調風格。而這一次的形象大翻新成效斐然，於是2011年Miss Dior Cherie正式更名為Miss Dior，而1947年的原始版本則改稱為Miss Dior Original。

Mitsouko（蝴蝶夫人）是嬌蘭家第3代調香師雅各的代表作。

我們日本人一看就知道這是女性的名字，但我到巴黎學香水後不久便意外發現，這個名稱對法國人來說相當陌生。

香水學校的課堂上會介紹許多歷史上重要的香水與調香師，每一項都是一般人耳熟能詳的名香。而我雖然知其名，卻不像其他同學一樣有相關的生活經驗，比方說有些人是家裡父親會使用，或曾在母親身上聞過一樣的氣味。這讓我體會到香水在法國文化中究竟有多麼根深柢固。

當時有位男性談到自己使用Mitsouko的經驗，他說他完全不知道這是女生的名字。其實這款香水啟發自小說《戰役》（La Bataille）中登場的日本女性Mitsouko，而那名魅力十足的男性是在不知道背景故事的情況下使用了這款香水。

Mitsouko是混合了果香調香氣的西普類香水。我們很難用其他原料複製C14（桃醛）這種內酯類（lactone）香氣，但可以用橘子等充滿果香的精油代替。

Mitsouko雖然是古典西普類香水的代表，但也正因為傳統西普調是以勞丹脂、岩蘭草、橡苔等厚重香氣建構靈魂，所以始終難以打中年輕世代的心。不過它的香氣能與毛皮、皮革、喀什米爾羊毛等高級天然材質相互輝映。殘留在毛衣或毛皮上的Mitsouko會溫柔擁抱使用者，增添那個人的魅力並帶來安心感。

🌸 *Pyramide*	
Top	佛手柑 檸檬 橘子
Middle	玫瑰 依蘭依蘭 橙花精油 桃子
Last	勞丹脂 岩蘭草 肉桂 橡苔 丁香 香草

🌸 *Recipe*		
橘子	10%	1 滴
純質玫瑰	10%	3 滴
大花茉莉	10%	3 滴
廣藿香	10%	4 滴
岩蘭草	1%	1 滴
橡苔	1%	3 滴
勞丹脂	1%	5 滴

　　樹脂和木質的香氣往往給人沉重感，但其實只要調配得宜也能打破這種既定印象。尤其獻上玫瑰、茉莉花等優雅的花束之後，就會像Mitsouko這樣展現出優雅的一面並襯托出古典的美感。我想Mitsouko擄獲人心的秘密就在於這種歷久不渝的氣質。

　　Mitsouko是以COTY推出的「Chypre」為原型，添加果香要素後製成。這個例子告訴我們不是只有全然的原創才重要，對於改良優秀作品的探究心與好奇心也有益於創作。

Youth Dew是厄內斯特・希弗坦（Ernest Shiftan）、喬瑟芬・卡塔帕諾（Josephine Catapano）2位調香師的共同創作。

據傳他們起初是為了製作沐浴油而開發香氣，殊不知沐浴油竟然大受歡迎，後來才製作成香水。

這則故事令我想起曾為小眾品牌，現在納入雅詩蘭黛旗下的「Jo Malone」。該品牌創辦人喬・馬龍（Jo Malone）原本是位美容師，有次顧客委託她製作的沐浴油實在太受歡迎，促使她決定創立香水品牌。

這樣的故事也說明了香氣的享受形式不拘，只要香氣好，無論是沐浴油還是香水都能深深打動人心。

有趣的是，這2個沐浴油起家的香水品牌都不是法國的牌子。雅詩蘭黛來自美國，而Jo Malone則來自英國。

Youth Dew是史上第一瓶美國香水。根據雅詩蘭黛自己的描述，這款香水實實在在表現了女性希望常保美麗、備受讚譽、被愛的心情。實際上Youth Dew也的確成功捉住了美國女性的心，名氣更是大到讓全球看見這款香水的魅力與美國市場的威望。

❦ *Pyramide*		❦ *Recipe*		
Top	醛香 柳橙 佛手柑 桃子	依蘭依蘭	10%	4 滴
		丁香花苞	1%	6 滴
		廣藿香	10%	4 滴
Middle	丁香 肉桂 金合歡 桃子 玫瑰 依蘭依蘭	勞丹脂	1%	2 滴
		祕魯香脂	10%	4 滴
Last	乳香 祕魯香脂 吐魯香脂 廣藿香 琥珀			

　　滴入浴缸的精油香氣，在出浴後繼續優雅地包覆肌膚，即使身子涼快下來也靜靜飄香……Youth Dew的香氣確實很有吸引力，不過其耐熱且持久的特質更是為它的成功大大加分。

　　有時候我們也需要配合使用目的設計調香配方。用途是香水、室內香氛還是按摩用，目的不同，考量點也不同。如果使用時會接觸肌膚，就應該優先考量原料是否會對肌膚造成傷害。如果是為了讓香氣擴散則需要加重香氣濃度，相對地也要考量精油的成本。

　　按照上面的配方會調出接近Youth Dew的濃厚香氣，建議當作香精或製成香膏使用。

20 *Rose Absolue*

Goutal

花香類　*1984*

　　Annick Goutal是1981年成立於巴黎的香水品牌，創立者安妮克·古塔爾（Annick Goutal）是一位面容姣好的模特兒，同時也是一位鋼琴家。

　　她和我一樣是莫尼克老師的學生，我以前也常聽老師分享他在安妮克創立品牌之初指導她構思配方的故事。安妮克生前馬不停蹄推出一項又一項作品，在她英年早逝之後，她的女兒卡米悠（Camille Goutal）接任品牌總監。當時小眾品牌聲勢逐漸壯大，Annick Goutal的價值也水漲船高，至今一路換過好幾位品牌經營者。2018年品牌放眼國際市場，將名稱更改為「Goutal」，但不變的是從創立之初傳承下來的優雅形象。我想介紹的這款Rose Absolue（珍愛玫瑰）就是最能彰顯安妮克美感的代表作了。

　　安妮克表示這款香水「表現了玫瑰的美麗與永不渝的女人味」。香水總共使用了格拉斯產、保加利亞產、土耳其產、埃及產、摩洛哥產、大馬士革玫瑰等6種玫瑰來製作。

　　混合6種玫瑰的香氣，這樣的配方實在是太奢侈了。其中格拉斯產的玫瑰更是稱作五月玫瑰（rose de mai）的頂級品種，產量非常少，有錢也不見得買得到。

❧ *Pyramide*		❧ *Recipe*		
Top	—	純質玫瑰	10%	7 滴
Middle	五月玫瑰 土耳其產玫瑰 保加利亞玫瑰 大馬士革玫瑰 埃及產玫瑰 摩洛哥產玫瑰	丁香花苞	1%	4 滴
		廣藿香	10%	6 滴
		勞丹脂	1%	3 滴
Last	—			

　　Goutal並未講明這款香水是否真的只用玫瑰製作，還是有搭配其他香料來襯托玫瑰的美好。人們對玫瑰香氣的喜愛亙古不變，且玫瑰香總是與充滿魅力的女性為伍，埃及豔后就是一個知名的例子。而Rose Absolue正是一件深刻展現玫瑰魅力的作品。

　　我希望聚焦於玫瑰的優雅，所以配方只用了1種玫瑰，搭配少許不同的香氣。
　　玫瑰之外的原料有丁香、廣藿香、勞丹脂。
　　加入丁香是因為玫瑰的香氣本身帶有一點辛辣感，一般用合成香料複製玫瑰的香氣時也會用到丁香的主成分丁香油酚（eugenol）。
　　勞丹脂屬於性質溫暖的樹脂香氣，和丁香一樣稍微加一點可以增添香氣的深度。
　　加入木質調的廣藿香則是為了提供花香調香氣的骨幹。
　　老實說我也希望大家能欣賞最純粹的珍貴玫瑰香，不摻任何東西。不過按上述配方調配也不會破壞，甚至能襯托出玫瑰本身的美好。

21　Bleu de Chanel

CHANEL

草本類　*2010*

　　Bleu de Chanel是那些像可可‧香奈兒（Gabrielle Chanel）一樣不受刻板印象束縛，活出自由的男性極為推崇的香水。這款香水的劇本出自1978年接任香奈兒專屬調香師後創作出無數名作的賈克‧波巨（Jacques Polge）。

　　草本類的Bleu de Chanel既有檸檬、橘子、葡萄柚、胡椒薄荷層層堆疊的清新香氣和表裡如一的暢快感，也有勞丹脂、廣藿香、檀香那娓娓道來的深沉香氣。

　　在這款香水於2010年發表之前，男性香水不外乎美食調、琥珀調、爽身粉調之類香氣裝飾繁複的類型，鮮少碰到令人眼睛為之一亮的新個性。

　　也有人認為男香在香水市場上的發展始終大幅落後女香，至今亦然。法國男性直到1960年代才開始不滿足於鬍後水，希望全身上下都有香氣，於是逐漸養成使用香水的習慣。所以男香本來就比女香晚了超過半個世紀才起步。Bleu de Chanel就是在這樣的背景下乍現於法國香水界的時代寵兒，也帶著引起各年齡層男性共鳴的男人美學，將面對這個世界瀟灑過活的戰帖交付到他們手中。

🌿 *Pyramide*	
Top	檸檬　橘子 葡萄柚 胡椒薄荷
Middle	粉紅胡椒　肉豆蔻 薑 乳香
Last	雪松　檀香 岩蘭草 廣藿香 勞丹脂 白麝香

🌿 *Recipe*		
檸檬	10%	4 滴
葡萄柚	10%	2 滴
胡椒薄荷	10%	1 滴
粉紅胡椒	1%	2 滴
生薑	1%	4 滴
岩蘭草	1%	4 滴
維吉尼亞雪松	10%	3 滴

　　草本類香水或許正是最適合男性的香水。不過Bleu de Chanel發售時，大家感興趣的是木質調和東方調等其他類型的香氣，所以草本類的香水在當時確實缺乏一些明星光環。然而這款香水推出後仍大紅大紫，一舉攻占男性香水市場銷量寶座。我想其中原因肯定少不了香奈兒本身的品牌吸引力，而包含廣告影片在內，他們宣傳時強力呼籲男性「瀟灑過活」的做法也的確奏效了。

　　回顧香水歷史，第一款叫得出名來的草本類香水是英國品牌ATKINSONS的English Lavender。雖然後來也有幾款香水戰功彪炳，但香氣意象卻都擺脫不了理性、莊重等社會加諸男性的刻板印象。像Bleu de Chanel這種簡單樸素的香氣之所以能進軍國際，除了商品一再強調的灑脫精神，也得歸功於其本身乾淨俐落的特質與永不沉淪的光輝。

　　有時候，某種香料用量過多也可能激發出前所未有的香氣。例如CHANEL N°5就是因為不小心加了太多醛香類原料而誕生的意外之作；又比如New West因為加入過多具有海洋調的合成香料而創造出全新的香調。話雖如此，好好梳理現有元素並摸索彼此之間的最佳平衡，同樣能為我們帶來答案。如同我們日復一日的生活之中，其實潛藏著許許多多的幸福。我覺得這瓶香水告訴了我們，只要好好關注自己擁有的，每一天都能描繪出截然不同的世界。

　　我設計的配方充其量只是用天然精油試圖簡單詮釋Bleu de Chanel的香氣，所以鼓勵各位隨意抽換配方表中的任何一種精油，或是微調用量，找出最適合你的香氣。我相信重新審視自己擁有的精油種類，並試圖從中發掘更佳結果的極簡主義思維，一定能讓你獲得意想不到的發現。

愛馬仕（Hermès）不只是專門出產高級皮包與圍巾的品牌，旗下的 Terre d'Hermès 更是最多男性使用的香水。這款香水的創作者為2004年～2016年擔任愛馬仕專屬調香師的尚克羅德·艾連納（Jean Claude Ellena）。套他的話來說，噴了這款香水便能「感受到大地，然後不禁仰望天空」。

Terre d'Hermès 推出後立刻引起廣大迴響，而且在男女心中都留下不錯的印象。它有幾個特徵：忠於品牌生產馬具起家的背景，低調零挑釁的宣傳手法，當然還有踏實的安穩印象，以及彷彿與自然融為一體的嶄新清爽香氣。

愛馬仕家族在經營上始終與LVMH集團等其他奢侈品品牌間你來我往的收購戰保持距離，所以公司風氣自然也和其他品牌不太一樣。經營階層不僅將傳統工匠的技術擺在第一位，而且作風謹慎卻又不失人情味。好比說董事長會邀請銷售通路和代理商等相關人員至聖奧諾雷街（Rue Saint Honoré）的愛馬仕大樓空中庭園，請大家一起吃頓早餐，如果有送禮也不會忘記準備一份給隨行助理。光是聽朋友分享幾則有關愛馬仕的小故事，就能想像出愛馬仕的行事風格了。

❦ *Pyramide*		❦ *Recipe*		
Top	葡萄柚 佛手柑 粉紅胡椒	葡萄柚	10%	5 滴
		黑胡椒	1%	3 滴
Middle	黑胡椒 天竺葵 大花茉莉	岩蘭草	1%	9 滴
		維吉尼亞雪松	10%	2 滴
Last	安息香 岩蘭草 雪松	安息香	10%	1 滴

可想而知，愛馬仕的專屬調香師必定是與品牌性格和技術相襯的人選。我認識一位生於格拉斯調香世家的男性，他們家從祖父輩開始代代都是調香師。他曾說他在調香技術上絕對沒有不如愛馬仕的調香師，只不過他語畢後的神情卻顯得一言難盡。畢竟他也無從判斷自己究竟符不符合另外一項條件。

尚克羅德擅長調配輕盈的木質調香氣和弦，而愛馬仕一直都在尋覓這種符合品牌形象、自然中帶有優雅氣質的香氣類型。還有什麼比這兩者更適合稱為天作之合？

Terre d'Hermès的香氣是由岩蘭草領銜主演，擔任陪襯的要角則是開朗有度、發揮知性煞車功能的新鮮葡萄柚。這2種香氣搭配樹木與辛香料，再融合安息香的樹脂氣息，形塑出馬匹蹬踩的大地與天空之間浩瀚無垠的宇宙意象，那股溫暖感也宛如紮紮實實踩在土地上一般令人印象深刻。

Terre d'Hermès激發出岩蘭草潛藏的魅力，讓我們看見完美聯姻造就的奇蹟。不過與其形容成奇蹟，或許該說是人們探究的結果。這就好比你辦一場餐會時需要用心構思菜色並思考如何安排座位才能賓主盡歡，周全的準備有時將為我們帶來超乎期待的幸福。

進階篇

　我的配方包含5種精油，岩蘭草、葡萄柚、少許的辛香料和樹脂。有一種天然岩蘭草精油會標示「Vetiver Heart」，代表是以採分餾方式製成，可以調出更新鮮、輕快的香氣。這種宛如搜刮了岩蘭草所有魅力的精油中，還能感受到一絲葡萄柚的清爽氣息。而岩蘭草與葡萄柚之所以搭配起來有如天成佳偶，秘密就藏在這種特色之中。

古龍水的歷史最早可追溯至中世紀義大利修道院用酒精製作的藥水Aqua Mirabilis，意思是「奇蹟之水」或「驚奇之水」，在當時是一種以柑橘和草本植物製成的萬靈丹。

Aqua Mirabilis的配方揭開了古龍水的歷史，而最早衍生出來的香水分別於1693年出現於科隆、1806年出現於巴黎。而因為科隆在法文中寫作Cologne（古龍），這種香水最受歡迎的地方又在科隆，所以才出現一種說法叫Eau de Cologne（科隆的水）。讓古龍水聲名大噪的幕後推手名叫Johann Maria Farina，「Jean-Marie Farina」就是Roger & Gallet取得該名稱授權後在巴黎生產的古龍水。至於在科隆當地，德國品牌Muelhens也以「4711」之名持續販售那款最早的古龍水。

話說回來，提到古龍水總會想到拿破崙一世，聽說他每天用掉的古龍水和洗一場澡差不多。當時巴黎的香水店知道拿破崙喜歡古龍水，還特別製作了一款充滿創意的75ml細長瓶裝古龍水，讓人可以塞進靴子，走到哪噴到哪。這玩意兒對拿破崙來說當然求之不得，法國國家檔案館（Archives Nationales）的文獻中就有記載，1808年10月一個月內拿破崙就訂了72瓶這款特別的古龍水。或許對他來說，古龍水是在他緊繃日子裡振奮精神的催化劑吧。

❧ *Pyramide*	
Top	佛手柑 檸檬
Middle	香蜂草 迷迭香 天竺葵
Last	檀香

❧ *Recipe*		
佛手柑	10%	10 滴
檸檬	10%	10 滴
桉油醇迷迭香	10%	8 滴
香蜂草	10%	2 滴

　　我那位上百歲也不忘打扮的婆婆每天早上也會噴古龍水，這對她來說是揭開一天序幕的儀式。我協助年邁的婆婆打理儀容時也一定會用到古龍水。當她洗完澡，我替她擦乾背後，便會拿起滿滿的古龍水趁她身子還暖時前噴一噴，噴完之後再稍微輕拍、按摩一下讓古龍水遍布身體。原本光滑白皙的肌膚便會微微泛紅，背上散發出一股柑橘清香，就連熱氣氤氳的浴室也瞬間涼快了下來，沐浴在晨光中的她看起來舒服極了。

　　拿破崙的時代距今已經過了200年，但顯然人們的嗜好並沒有太大的改變。現在法國超市的日用品賣場還是能看到一整排大瓶裝的柑橘類、草本類古龍水。先不論現在的古龍水是否具有當初Aqua Mirabilis的藥效，其主要成分還是酒精，所以也確實能帶來清涼感並發揮殺菌作用。

　　複製Jean-Marie Farina的香氣時，需要使用自中世紀便存在的天然香料，因此這款香水的配方比本章其他任何一項範例都還要古典。我也相信任何人都能輕易取得柑橘調與草本調的精油。

　　但有一點必須特別小心，很多柑橘類精油具有光毒性，所以請謹慎挑選材料，比方說不含香柑內酯的佛手柑精油就安全多了。製作香水時有許多要注意的地方，例如對人體造成的影響、裝在香水瓶裡時呈現的顏色，所以原料通常會經過一些處理，像是去除過敏原和色素。雖然這樣能提高安全性，但每去除一種要素，香氣自然就少一分生動的表情，猶如靈魂出了竅，香氣也可能因此失去光輝。如果是製作室內香氛這種不會接觸到皮膚

的東西，我還是建議各位大量使用像中世紀一樣以傳統方法製造的天然精油，好好享受調香樂趣。

　　果香調就是氣味類似水果的香調。這種香氣幾乎都來自人工合成的香料上，天然果香調原料的數量用一隻手就數得出來。雖然人人都喜歡桃子和蘋果的香氣，但你或許早就發現世上根本找不到這2種香氣的精油。

　　史上第一款將果香調合成香料加入配方並大獲成功的香水，是1919年嬌蘭推出的Mitsouko。我在那一節也有提到，Mitsouko成分中具有桃子香氣的C14（桃醛）是人類最早發現的香氣分子之一。此後隨著有機化學發展，科學家也合成出覆盆子、鳳梨等各式各樣的果香調香料。香水界在1990年代以後有一段時間也相當流行水果味的香水，許多香水就像一籃水果，配方中加入了漿果類的酸甜、熱帶水果類的氣味、或西瓜那樣多汁又帶點透明感的香氣。多虧這一個又一個可愛的果香調產品展現出香水輕鬆的一面，香水文化尚未紮根的日本或許也在這段時期開始接受了香水。

　　話雖如此，果香類型主要還是出現在女性香水上。反過來說，當時並沒有屬於男性的果香調香水。

	❦ *Pyramide*	❦ *Recipe*		
Top	檸檬 鼠尾草	甜橙	10%	5 滴
		印蒿	10%	5 滴
Middle	小荳蔻 草莓 青蘋果	黑醋栗	5%	3 滴
		肉桂	1%	2 滴
Last	肉桂 廣藿香 果仁糖 吐魯香脂 琥珀	丁香花苞	1%	1 滴
		吐魯香脂	10%	3 滴
		香草原精	1%	1 滴

　　此時，一款果香調特色明顯的男性香水橫空出世，那就是Paco Rabanne調香師奧利維・克雷斯普（Olivier Cresp）調配的Black XS。

　　奧利維是第一位將美食調香氣帶入香水界的人，他屢屢將咖啡、可可的氣味加入香水，連連跌破香水行家的眼鏡。這名藝術家就像喜歡在畫作中埋藏玄機的畢卡索，總是帶著頑皮的心情創作香水。他生於格拉斯近郊的香氛世家，從曾祖父一輩就開始栽種茉莉花和玫瑰，以降好幾代都從事香氛行業，他這一代三兄弟還都是調香師。既然生在這樣的環境，也不難想像為何他創作香氣有如探囊取物了。

　　暗藏在Black XS裡的機關是草莓的甜美香氣；整體印象包含美食調的果仁糖，一種以堅果和焦糖製成的法國傳統甜點，以及提供平衡與深度的木質調與辛香調氣息，然而當草莓的氣味探出頭來，男性使用者將為之一愣。這種暗藏機關的做法可謂賭注，畢竟草莓的香氣再怎麼討大眾喜愛，以往的經典男香也不曾有過這種水果味。最後這款香水將主題結合搖滾，巧妙呼應了搖滾無所畏懼的自由主義精神而大獲成功。3年後Paco Rabanne接著發表女性香水Black XS for Her。此後這個時裝起家的品牌又推出好幾款暢銷作，每每為精力充沛的年輕人帶來追求自由的勇氣與自信。

　　具有果香的代表性天然香料有桂花、印蒿、黑醋栗，這幾種精油都相當稀有且昂貴，因此很多人拿這些精油調香時往往會因為怕浪費而傾向打安全牌。然而這次我們參考的Black XS可是一款搖滾的香水，所以我鼓勵大家試著用果香調材料玩出趣味十足的配方，展現搖滾精神。如果你學了這麼多款香水的配方之後覺得自己被知識限制了，請回想起當初隨心所欲快樂調香的初衷。

Part 6

讓心中的香氣成真

調香師的調香琴

　　我在Part 3時提過香水與音樂十分相似，這個章節我會以「調香師的調香琴」為題進一步解說香氣與音樂之間的關係。

　　調製香水者謂之調香師。為什麼我說調香師組合各種香氣創造新香氣的行為就像作曲家，因為作曲家是坐在鋼琴前俯拾琴音編織旋律，而調香師也是坐在擺著各種香料的桌子前創作。

　　調香師的工作桌上總是擺著許多香料瓶、記錄配方的筆記、確認香氣用的試香紙等工具。香料就好比發出DoReMi的琴鍵，而寫著原料比例的配方表則好比記錄旋律與和弦的樂譜。也因為這樣，2個領域的用語有很多地方相通。

例：	Note	香調	音符、律音
	Accord	協調	和弦
	Composition	調合、調香	作曲

　　調香師要先從諸多香料瓶中挑出其中一瓶，以試香紙確認香氣，並與其他香料相互比較、嘗試搭配，重複一遍又一遍直到找出最適當的配方。就像作曲家拼湊音符編排和弦，調香師也是以同樣的方式創造香氣的和聲。

　　因此調香師用來演奏香氣旋律的工作桌便稱作「調香師的調香琴（perfume organ）」。

　　專業調香師在實際調香前，會先在腦中擬好大概的配方。調香師會將各種香氣的特徵記在腦海裡以便編寫香氣的交響曲，先在腦中揀選、組合原料並寫下配方，然後交由助理進行調配，自己再確認成品的表現。經過無數次的來回調整香料用量與組合後，方能完成一件作品的配方（樂譜）。

　　感覺就像貝多芬晚年失去聽力後會在腦海裡創作樂曲一樣。而調香界也有相似的例子，知名調香師尚・卡雷在嗅覺失靈後也依然創作不懈。

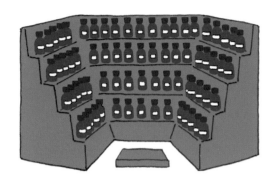

有時調香師得嘗試上百次才能紡織出一段新的香氣旋律。香料調和完成後也需要一定的時間才會展現應有的香氣，所以等待也是必須的。而作品要調得多濃多淡同樣是一項需要耐心的工作。為了創作一份新香水的配方，花上超過1年的時間也不無可能。

　　不過本書介紹的調香法是以芳療精油為原料，所以讀者只要將精油和記錄配方的紙筆拿到自己平常使用的桌子上，就可以打造出屬於你的調香琴了。大家儘管放心，即使沒有專業調香師的調香琴，我們還是可以調香。

　　希望各位別忘了，香氣和音樂都需要用心感受。日本「香道」上也不會說「聞香」而是「聽香」，言下之意是品香者應主動接近香氣，聽取香氣的細微表徵。所以在備妥調香用具之後，請好好靜下心來，準備好聽取香氣傳出的種種訊息，再開始紡織屬於你的香氣和聲。

如何打造調香琴

嚴格來說，調香上最少只需要2種精油。然而了解香氛魅力的人都明白，問題就在於我們會忍不住蒐集各式各樣的精油。

我自己因為工作關係收藏了上百種精油，但還是拿香氣的魅力沒轍，所以收藏品的數量還在持續上升。

如果再加上精油以外的香氣原料那真的是數不清了。但既然是工作，就必須掌握所有香料的特性，並記住收放的位置。

所以我習慣以香調和性質來分類整理，這樣我也能一眼看出各種香料的特性。

各位不妨也試著依照香氣的性質和印象、資訊重新整理一下自己手上的精油。

顧名思義，「調香」就是調配香氣。除非熟稔每一種香氣的特徵，否則根本不可能調和2種、3種、甚至超過5種不同的香氣。

這就好比你拿沒看過的食材做菜一樣，即使未知的結果也是一種期待，但精油畢竟不便宜，可以的話我們還是希望避免浪費。

所以下一頁開始我會逐步介紹3種有效學習香氣知識的方法。

當你按調性重新編排好自己擁有的精油，統整好每種精油的性質和印象後，你專用的調香琴也就大功告成了。用來打造調香琴的精油不求多，但品質一定要好。期許各位也能用量少質精的精油，彈奏出屬於你自己的優美旋律。

從香調捕捉香氣

　　每個人對香氣的感受都不一樣，不同人對同一種香氣的感受有時甚至天差地別，年齡、文化、時代、性別等條件也都會造成影響。而且人對香氣的喜好就和時尚一樣，會隨時間轉變。

　　因此香氣專家為了以正確且合理的方式溝通對於香氣的感受，才會替每種香氣取名並分類。

　　不過各位知道嗎？隨便一款市售香水的香氣原料可能就多達50種，甚至超過100種。

　　世上雖然存在無數的香料，但我們可以藉由嗅覺當作標準，分類、辨別各種香料的性質。所有具備專業香氛知識的調香師也是透過這一套分類方式梳理無數的香氣。

　　當然，事先分類也能幫助調香師在設計配方時迅速從繁多香料中，找出需要的那一種香氣。

　　前述的分類方法，其實就是香調。法國調香師學校的調香課也是從認識不同調性的香料並記憶其香氣開始。而了解香調名稱對應的香氣種類，是記憶香氣的第一步。

　　有些香調底下又分成好幾個小群組，這之間的差異請參考p.26〜27的精油分類表。

　　此外，香水的成分表也是我們分析香氣的線索之一。即使成分相同，用量上的差異也會對香氣造成莫大影響，所以分析香水時還需要關注精油用量。

透過意象掌握香氣性質

找出精油的調性後，就可以依照以下順序整理性質與意象了。

1 總結香氣給人的印象

盡可能記下聞到香氣時腦中浮現的事物，例如聯想到什麼顏色、感覺偏甜還是不甜、喜不喜歡等等。

2 確認香氣性質

參閱Part 7「精油檔案」，確認精油的性質。有時候你對精油的感受可能和普遍的標準不太一樣，國情與文化也會影響我們對香氣的印象。

3 對照意象輪確認香氣意象

運用香氣意象輪與精油意象輪，判斷香氣的意象為何。了解如何形容香氣以及香氣與性格的緊密連結，也有助於我們參透香氣的意象。

4 比較不同香氣的差異

同一類型的香氣因性質接近，所以很難辨別其中的細微差異。
這時我們要做的不是單純分析1種香氣，而是利用試香紙同時分析2種以上的香氣。比較2種以上的香氣時，嗅覺更能清楚察覺箇中差異與彼此的特徵，也更容易詳細分析香氣。

透過力道與持香度掌握香氣性質

　　多嘗試幾次調香後自然會培養出感覺，進而懂得拿捏每種精油適宜的搭配比例。但是為避免浪費貴重的精油，我建議偶爾也可以像下表一樣分析香氣的力道與持香度，以具體的標準觀察香氣。

　　每個人對香氣的感受都不一樣，分析結果也因人而異，所以重要的是誠實記下感覺並仔細觀察。

香氣的力道

　　準備2張試香紙，各自沾取少許的精油，並以大於、小於的符號註記兩者力道（初聞時香氣的濃烈程度）的強弱關係。

　　例：若覺得香料A比香料B還強勁，則如下圖方式標記。

A　　　>　　　**B**

香氣的持香度

　　按照欲分析香料的數量準備對應張數的試香紙，各自沾取香料後觀察每種香氣隨時間產生的變化，並參閱以下範例填入香料名稱，依持續時間排序。

運用調香琴調香

　　依照調性分類完畢，並且整理好每種精油的意象與資訊後，一座調香琴就擺在你眼前。前思考如何編寫旋律，也就是香氣的配方了。這個環節的重點在於你對於成品的想像能夠多具體。

　　發揮你的想像力，思考自己想調製怎麼樣的香氣。調製香氣時最重要的一點，就是運用豐富的想像描繪香氣的表現。

　　各位在設計配方時請參考Part 7「精油檔案」掌握每種精油的特徵，且務必事先以試香紙確認每種要使用的香氣。

　　想要提升設計配方的能力，我最推薦的做法是累積大量實作經驗。

　　想要熟悉如何運用玫瑰、檸檬、橙花精油的香氣，其實就和了解鹽、砂糖、辣椒等調味料的用法很像，只要多下廚（調香）幾次，慢慢就能輕易辨別眼前這一道菜裡面有沒有加砂糖、辣椒，甚至什麼調味料加了多少等等。

　　如果你想要在短時間內迅速進步，每次調完香後務必仔細比較、分析配方與成品的異同。

　　有時我們也需要回顧以前製作的配方和香水，重新調整成架構更合理、水準更高的香氣。

理想香氣

　　只要備妥器材，人人都能調香。但我也說過，想要調出美好又充滿原創性的香氣，絕對少不了豐富的想像力。

　　這一章我不只要傳遞調香的樂趣，還會說明調香的實作技巧，告訴大家如何調出符合自己理想的優雅、舒服香氣。

　　磨練技巧時有一點很重要，就是確實訂立「理想香氣」。怎麼樣才稱得上理想香氣？

　　為了回答這道問題，請參考以下列出的香水條件。

　　滿足這些條件時，香水才稱得上藝術品。不光是香水，就連一些擁有普世美感的名畫也符合以下條件。個人喜好並非評判成品的香氣表現時的唯一標準，請參考下方列出的香水條件。

1　香氣美好
　　就生理上來說，香氣聞起來舒不舒服？

2　香氣特徵鮮明
　　香氣是否具備與眾不同的特色？

3　香氣和諧
　　以一項作品來說，香氣架構是否均衡？

4　香氣具有擴散性與持香度
　　香氣是否能擴散開來、持續發香，
　　令人慢慢享受？

如何訓練嗅覺

　　前面說明了調香的方法和技巧，這一節我想分享幾種訓練嗅覺的方法。畢竟嗅覺是我們調香時最倚重的工具。

　　為了調出符合想像的香氣，嗅覺一定要做好萬全準備。我們得鍛鍊嗅覺、了解香氣，才能操縱香氣。

　　研究顯示人類的嗅覺只要經過訓練，甚至能比未訓練時敏銳上百倍。這也說明了我們在日常生活中意外地沒有善用嗅覺。

　　我鼓勵大家可以多留意日常生活中的香氣，道理就和多吃美食可以鍛鍊味覺一樣，好好感受世上無數的香氣，可以磨練自己對香氣的敏感度。

　　訓練嗅覺的好處並不只有提高我們的調香技術，還能增添生活色彩。

　　即使不及專業的葡萄酒侍酒師，你還是能辨別不同香氣的差異與奧妙並從中獲得喜悅。而且生活中多關心香氣，也可能會有意想不到的發現。

　　各位不妨想想沒有香氣的人生該有多無趣，比如咖啡沒有了香氣，又比如可頌麵包沒有剛出爐的香氣……嗅覺是我們的五感之一，是生活中不可或缺的感官，也是能牽動其他感覺、引發聯覺的魔法感官。

　　訓練嗅覺可以增加人生的樂趣、拓展經驗，讓我們懂得感受高品質的香氣，也能直接提高調香的品味。

享受獨創的香氛配方

　　本書至今從多種角度講解了精油調香法。不過在傳遞調香樂趣之餘，我也希望各位多多利用自己調製的香氛，享受香氣帶來的樂趣。

　　如果你上完調香課後學會了製作自己的專屬配方，就能依照該配方製作自己專用的芳香產品。

　　甚至還可以根據精油的稀釋率調整配方，改用未稀釋的精油調出同樣的香氣。

　　如果配方中所有精油的稀釋率都是10％則不需要改寫配方表。

◎若為稀釋率5％的精油，使用原液調配時滴數需減半。
◎若為稀釋率1％的精油，使用原液調配時滴數需減至10分之1。
◎根據配方原本的總滴數，重新計算每一項精油原液的分量。

　　香料專家計算香料的單位通常是公斤，所以經常將調香配方總量數字設定為1000。這麼一來就能以1公斤為單位完成一份配方表。

　　另外也有總量設定為100的方法，好處是能夠輕鬆掌握各種香料所占的百分比。

　　享受原創香水的方法很多，但基本上可分成「噴在身上用的香水」、「香氛小物」、「芳療用品」。

　　其中做成香水最能享受精油純粹的香氣，因為用來稀釋精油的材料只是酒精或純水，所以完全不會破壞基底精油的特色，能如實表現出配方應有的香氣。更棒的是這些都是純天然、自己親手製作的原創香水。我相信每當你噴上香水，除了開心之外也能感受到親手製作的充實感與安心感。香水本來就是一種用來打理儀容、表現自己、表述意見的產品，有些人也認為噴香水是營造良好印象的禮儀之舉，每個人的使用目的都不

一樣。所以請妥善選擇符合自己預期效果的香水配方，調配好的原創香水也記得裝進密封的玻璃容器。

除此之外，做成香膏也是一種方法。要注意的是香膏的製作過程需要加熱，所以只適合使用耐熱的精油。

第2種享受方法是做成「香氛小物」，例如香包、芳香蠟燭、香皂，從更實際的面向享受獨創香氣配方。香包的做法是準備一個塞滿柔軟布料的小袋子，滴入幾滴自製香水後就可以放在包包、抽屜、車內或玄關。至於使用香氛蠟燭時則可以將香水滴在燈芯周圍，因為蠟燭體會先從燈芯周圍開始融化。而香皂的部分，使用橄欖油等油脂來製作手工香皂的過程就可以加入幾滴自製香水。這類香氛小物製作起來有趣，又可以當成小禮物送人，任誰收到這種用心製作的禮物都會很開心的。

第3種「芳療用品」的具體作法多到數不清，比方說用香氛機讓香氣遍布房間，或洗澡時當作沐浴油滴一點在浴缸中，也可以充當按摩用的精油。本書雖然未談及精油的療效，不過擁有一定的調香技術之後，要調出功效與香氣兩全其美的香水絕非難事。願各位也能依目的調製合適的芳療用品，發揮絕佳的療效。

製作天然香水

材料	香水噴霧瓶或其他容器、燒杯、 滴管、試香紙、配方表

用途

假如天然香料有對皮膚造成傷害的疑慮，建議使用時不要直接噴灑在肌膚上，而是衣物或圍巾上，又或者是客人來訪前噴灑在玄關。本書配方中的原料皆為天然精油，讀者參考配方製作並使用香水或其他任何香氛製品時，應自行注意安全。

作法

① 將調香課的範例配方換算成總計100滴的分量。

② 若以精油原液製作，請根據每種精油的適當稀釋率換算適當用量。

③ 開始調配。

④ 以無水酒精稀釋調配好的香料。

⑤ 將稀釋好的液體裝入香水噴霧瓶或任何喜歡的容器。

⑥ 蓋上香水瓶，充分搖盪後噴一點在試香紙上確認香氣。

這樣天然香水就完成了。

POINT 1	加入少許純水雖然可以緩和酒精味，但香水也更容易變質，所以建議能不加則不加。
POINT 2	香料的稀釋程度請參考下一頁的香水類型說明。
POINT 3	香水製作完成後即可馬上使用，不過靜置一晚香氣會更穩定。尤其西普類、馥奇類、東方類香水最好於調製完成後隔一段時間再使用，香氣會更加柔順、安定。

香水的類型

香水其實也分成好幾個類型，所以精油調好後還需要用酒精稀釋才能完成自製天然香水。而我們可以藉由調整稀釋程度，分別做出淡香水和古龍水。

同一套配方，稀釋成不同的濃度也會呈現截然不同的印象，強烈推薦各位嘗試享受不同濃度的香氣。

下表為每種香水種類（產品）的參考濃度。

產品名		香料濃度	香氣持續時間
Parfum	香精	約20～30％	6小時以上
Eau de Parfum	香水	約10～20％	5小時左右
Eau de Toilette	淡香水	約5～10％	3小時左右
Eau de Cologne	古龍水	約2～5％	1小時左右

市售香水的成分同樣是香料、酒精、水。

而其中大部分是酒精，水的含量幾乎不超過5％。

此外，各家香水設定的濃度標準也不盡相同。有香料濃度10％的淡香水，也有香料濃度12％的淡香水。

透過表格可以知道，香料濃度愈高者香氣愈持久。

若按照本書調香課的配方稀釋精油後再行調配，那麼成品的香料濃度大約會落在香水～淡香水之間，不過也可以額外加入與配方精油等量的無水酒精稀釋成古龍水。純天然香料製作的香水因為香料本身的性質關係，香氣持續時間會比一般市售來得短一些。上表是以市售香水設定的香料濃度為準進行說明，僅供參考。

製作香膏

材料	保存容器、燒杯、湯匙 荷荷巴油20ml、蜂蠟5g、配方表

用途

純天然香料製成的香膏會散發陣陣幽香，質感相當優雅。香膏的另一個好處是可以填入喜歡的容器隨身攜帶，使用時輕輕抹在手腕或耳後即可享受香氣。香膏和香水一樣，若打算用於肌膚，製作前務必審慎選擇材料。香膏也可以抹在檯燈之類溫度較高的地方，享受微微飄散出來的香氣。

作法

① 將荷荷巴油和蜂蠟放入燒杯。
② 將①放入裝水的鍋中並加熱。
③ 待燒杯中的材料融化後從鍋中取出，加入10～20滴的精油。

香膏的製作過程會加熱，所以不適合使用不耐熱的精油。各位參考原創配方製作香膏時，請務必事先確認精油的安全性，調整使用的分量，並且使用不含酒精的精油。選用精煉過的蜂蠟可以避免破壞香氣，香膏的質地也會更加細緻。

——轉化「味覺記憶」的創作——

前面我說明了設計配方的訣竅與注意事項，最後我想實際示範如何調製一款香水。

有些香水源自調香師對於特定女性一舉一動的想像，有些香水則源自大自然的美好情景，還有一些香水是誕生自人類的愛和喜悅。

這一節我會分享自己過去受到啟發而創作的經歷，希望能提供各位一些調香時的想法。

香氣是一種傳達方式。我曾經做了一瓶香水送給一名女性，將自己對她的感謝寄予「香氣」。

以下內容是我當時的回憶，也是一款香水誕生的故事。

香水誕生之前

有天，盧森堡公園南邊一座雕刻美術館舉辦了某場展覽的開幕派對。主辦人是我一位女性親戚，而我也收到了邀請函，所以出席了活動。她雖然忙來忙去，但還是向我走來，說她近期想找我吃頓飯，請我務必答應邀約。

之後過了半個月左右，我拜訪她住的公寓，度過了一段永生難忘的美好時光。

那晚不巧碰上下雨，我和其他與會的親戚一路上甚少交談，小心踩過昏暗街道上滿地的枯葉，好不容易抵達她位於大廈頂樓的房間。房間裡點著靜靜的橘色燈光，播著和緩的音樂。奶油色的牆壁與毛毯，牆上掛著非常符合她工作性質的石版印刷、素描，並且和地圖、黑白照片取得非常好的平衡。書架上與桌上都可以看到整整齊齊的大量美術書籍。

「餐前酒就來點美味的香檳吧。」

她將香檳倒入玻璃杯的時候，恰好窗外艾菲爾鐵塔的藍色光輝落在牆上，看起來閃閃動人。

我們喝著酒，望著每小時一次，像星光一樣閃耀光芒的艾菲爾鐵塔，開始享用符合秋日週末的一頓晚餐。

她為了前一天還在巴塞隆納工作的我，特別規劃了一整套改編版的西班牙菜，讓我感動極了。而她安排的菜色與食材的搭配方式更透露出她細膩的品味；我於身於心都極其享受當天的餐桌時光。

第一道熱湯用了大量蘑菇，每一口都能感受到濃郁的秋天森林氣息竄過鼻腔，綿密柔軟的口感猶如一件毛線衣將人溫和包住。

她從肉品專賣店買來西班牙Bellota等級生火腿，鹹度不高，風味相當獨特。她還特別挑了波爾多Moulis的紅酒來搭配濃縮了美味精華的火腿。火腿的鮮美在嘴中逐漸釋放，結合紅酒那令人宛若置身森林的芳香，竟莫名勾起我的懷舊情感。滋味是那麼豐厚，尾韻卻是那麼飄渺。我不時吃口簡單的水煮馬鈴薯讓味覺歸零，然後再次品嘗生火腿、葡萄酒，周而復始。

當天紅酒裝在一個無腳的小玻璃杯，造型彷彿以前貴族使用的器皿。我喝完酒後欣賞著玻璃杯的設計，突然聞到玫瑰的香氣，而且是過了花期、即將凋謝時那種內斂的優雅香氣。

接在火腿後上桌的沙拉也是她的傑作，生菜搭配的沙拉醬不含醋，避免破壞火腿的味道。雖然當天的沙拉醬只是在油裡面簡單加入搗碎的黑胡椒和粉紅胡椒，但辛香料的風味在舌上舞動，微微的辛辣感持續許久，令我印象深刻。

最後收尾的點心是以西班牙無花果乾為原料製作的白乳酪，這也是她原創的得意之作。她一大早就先將無花果乾泡在濃郁的鮮奶油裡，鮮奶油吸收了濃濃的無花果味，成品口感非常柔順，害我忍不住多又要了一大份。

餐後我們還喝了她從摩洛哥帶回來的檸檬馬鞭草茶，套句她的形容，聞起來還有種辛香料的氣味。

從餐前酒到香草茶的那段期間，遠方的艾菲爾鐵塔總共亮起3次藍光。每當它點亮，我都會靠向窗邊，望著鐵塔宛如漂浮在半空中的模樣。雨水打濕的玻璃窗因為反射而更加透亮，映著那晚令人難忘的情景。

坐在餐桌上時，她問了我調香工作的種種。她帶著滿滿的好奇前仆後繼地發問，我也一一回答。她用心傾聽時，露出了我前所未見的天真神情，讓我有種窺見了她另外一面的感覺。

離開前我想好好感謝她帶給我一段這麼快樂的時光，可是再多的言語也道不盡我對她的感謝，這讓我始終悶悶不樂。

於是我決定將感謝寄託於香氣，試著將那晚的回憶化為香水送給她。

1 思索要用哪些香料

當天印象最深刻的莫過於精心設計的菜單，尤其是甜點那濃郁如果醬的無花果香氣和牛奶的香甜氣味。

另外還有黑胡椒與粉紅胡椒等辛辣的香料、殘留於葡萄酒杯中那猶如過了花期的大朵玫瑰香。

葡萄酒那令人置身森林的氣息。

蘑菇濃湯。

還有生火腿馥郁的鮮美滋味。

我想用心將這些元素拼湊成一瓶香水紀念當晚的回憶，就像她為我所做的那樣。

2 決定香氣類型

我決定將前面列出的所有要素都轉化成香氣，並且根據這項前提找出能統合整體的香氣建構成品的主調。最後我選擇了無花果、牛奶、香草的甘甜香氣組合。

常言道甜點是左右一頓飯印象的關鍵，而當天的甜點就替整套菜單漂亮收尾，畫下一個最棒且令人印象深刻的句點。

於是我決定調製成東方類香水，用呼應那道甜點的香草氣味與廣藿香建構香氣和弦。

且為了明確表現東方調的主軸，我在添加其他香氣時也相當留意整體平衡。

160

▎ 3　構思配方

　　既然要調製東方類香水，核心香氣就要使用香草和廣藿香。不過我還加了橡苔，表現森林裡潮濕的空氣、地上一片褐黃色枯葉的意象。

　　這個配方的重點是橡苔只用了一點點，而且濃度稀釋成1％而不是10％，整體配方占比也較為保守。

　　橡苔和廣藿香分屬潮濕木質調和蘚苔木質調，兩者都是木質調中尤其有包容力、令人感到溫暖的類型，因此搭配起來相得益彰，又很適合表現森林、蘑菇的意象。當天喝的紅酒，聞起來也有森林的香氣。

　　至於生火腿濃郁的滋味，我選擇用勞丹脂深沉的香氣來表現意象。所以配方中也加了一點勞丹脂。

　　其實勞丹脂搭配香草會帶出一點「琥珀調」的印象，不過我為了增添這個配方的香氣深度，還是決定加入勞丹脂。順帶一題，如果再加入另一種調性偏深沉的紅沒藥，就能調出特別的現代琥珀調。

　　過了花期的玫瑰香也教人難忘。

　　生於中產階級的她在富裕環境下培養出的品味，都體現在她當天挑選的每一項餐具、每一支葡萄酒杯上。要表現她那種內斂的高貴氣質，絕對少不了玫瑰的優雅香氣。而要表現即將凋謝的大朵玫瑰，我的選擇是純質玫瑰。加了玫瑰的香氣後，香水整體的印象也更加華美、更有女人味了。

　　至此我已經列出好幾種香氣，接著要先確認一下整體的平衡。

　　我以東方調香氣為基礎，加入橡苔和勞丹脂增添了深度與飽滿感，描繪森林逐漸染上秋色的情景。然後再加入純質玫瑰，點綴一分內斂的優雅；最後則用零陵香豆來統整所有香料。

　　零陵香豆的香氣來自其成分中占最大宗的香豆素，這種香氣分子可以替整體香氣帶來獨特的豐厚感。她平常喜歡使用嬌蘭的香水，而嬌蘭有很多香水都含有香豆素，嬌蘭獨一無二的香氣和弦「嬌蘭香」之中也少不了香豆素。

　　於是我配合她的喜好，加入少許的零陵香豆。最後再加入些微的辛香料畫龍點睛。

　　當天的沙拉醬雖然用了粉紅胡椒和黑胡椒2種辛香料，但我調香時為了避免不同胡椒的辛辣感互搶鋒頭，決定只使用粉紅胡椒。

之所以選擇粉紅胡椒而非黑胡椒，是因為她做的所有菜餚中，那道加了粉紅胡椒的沙拉令我特別印象深刻。而且那也是她當天談得最起勁的得意之作。

　　於是我放膽加入大量的粉紅胡椒，希望前調也能感受到粉紅胡椒的氣味。雖然粉紅胡椒屬於香氣金字塔底層的辛香調，但它也含有約10％的檸檬烯（limonene），這種香氣分子也可以在檸檬上找到。

　　基於這一點，我決定再加入檸檬的香氣，試圖將粉紅胡椒的氣味拉升到前調。

　　就這樣，我成功將當天餐桌上豐盛的菜色化為香氣並裝進了香水瓶。不知道她打開香水瓶蓋的時候，是否也想起了當天我們共度的時光。

Recipe		
檸檬	10%	8 滴
純質玫瑰	10%	10 滴
粉紅胡椒	1%	40 滴
廣藿香	10%	12 滴
橡苔	1%	1 滴
勞丹脂	1%	12 滴
香草	1%	12 滴
零陵香豆	1%	5 滴
	合計	100 滴

Part 7

精油檔案

精油一覽

這一章我會依香調講解各種精油的資訊。

我將精油依性質分成前、中、後3個區段，並以香調進行大分類，每個香調底下再依特徵分成小組。

精油在金字塔上所屬的區段只是便於分類管理的相對結果，處方不同，有些香氣也可能出現在其他區段，所以這些分類僅供參考。

配方設計完成後若要應用於香氛產品，事前務必詳加確認精油材料是否具有光毒性或其他風險。右頁的表格整理了各種用途需留意的過敏原以及主要幾種含有該過敏原的精油，請各位參考。

依調性分類

前調	
柑橘	新鮮
	果香
草本	檸檬
	薄荷
	大茴香
	香草植物
	樟腦、桉油醇
	芳樟醇

中調	
花香	玫瑰
	甜美
	橙花
	綠葉
	爽身粉
綠香	

果香	

後調	
香料	溫暖
	清涼
	異國
木質	乾燥
	潮濕
	清香
	煙燻
	香脂
	蘚苔
皮革	
美食	
琥珀	香脂
	香草
爽身粉	
麝香	

※ 馥奇調、西普調、東方調是由多種香調組合而成，故並未列於表中。

因含有刺激肌膚之過敏原
使用時需要特別注意的精油

過敏原名稱	代表性天然香料
大茴香醇anise alcohol	大茴香、八角
異丁香油酚isoeugenol	依蘭依蘭、晚香玉、肉豆蔻
丁香油酚eugenol	丁香、多香果、肉桂、羅勒、月桂葉、玫瑰、大花茉莉、晚香玉
香豆素coumarin	零陵香豆
香葉醇geraniol	香茅、天竺葵、橙花精油、苦橙葉、花梨木
水楊酸苄酯 benzyl salicylate	依蘭依蘭、大花茉莉、水仙
檸檬醛citral	甜橙、薑、天竺葵、苦橙葉、佛手柑、山雞椒、萊姆、檸檬、檸檬草、玫瑰
香茅醇citronellol	香茅、天竺葵、尤加利、奧圖玫瑰
桂皮醇cinnamyl alcohol	蘇合香
桂皮醛cinnamic aldehyde	肉桂
金合歡醇farnesol	依蘭依蘭、苦橙、晚香玉、橙花精油、玫瑰
苯甲酸苄酯 benzyl benzoate	依蘭依蘭、肉桂葉、大花茉莉、晚香玉、水仙、安息香、花梨木
苯甲醇benzyl alcohol	大花茉莉、水仙、玫瑰
桂皮酸苄酯 benzyl cinnamate	蘇合香、安息香、祕魯香脂
芳樟醇linalool	依蘭依蘭、快樂鼠尾草、芫荽、香茅、肉桂、大花茉莉、杜松子、天竺葵、晚香玉、橙花精油、羅勒、茴香、苦橙葉、胡椒薄荷、芳樟、馬鬱蘭、玫瑰、花梨木、迷迭香、月桂葉
檸檬烯limonene	柳橙、葡萄柚、苦橙葉、粉紅胡椒、胡椒、佛手柑、橘子、萊姆、檸檬

※上述過敏原清單中還需加入橡苔、樹苔。

前調精油

柑橘調

新鮮

苦橙
Citrus aurantium 芸香科

| 部位 | 果皮 | 製程 | 壓榨法 | 狀態 | 精油—淡黃色 | 主要產地 | 義大利、美國 |

| 稀釋率 | 10% | 成分 | 檸檬烯、香葉烯、辛醛 |

參考香水　Eau Des Merveilles／Hermèse

　苦橙新鮮的香氣中還帶點苦味，想要調出乾爽柑橘香或是清新風格的前調時非常好用。苦橙精油具有光毒性，因此用量與用途皆須嚴加注意。

枸櫞（香水檸檬）
Citrus medica 芸香科

| 部位 | 果皮 | 製程 | 壓榨法 | 狀態 | 精油—淡黃色 | 主要產地 | 法國、義大利 |

| 稀釋率 | 10% | 成分 | 檸檬烯、β-蒎烯、γ-萜品烯、香葉醇 |

參考香水　Eau de Fleurs de Cédrat／Guerlain

　枸櫞是法國科西嘉島的特產，當地生產的枸櫞皮果醬和糖漬枸櫞果皮於1900年代初期曾經輸出國際。其新鮮的柑橘調香氣，令人聯想到南法微風與地中海的空氣。

佛手柑
Citrus bergamia 芸香科

| 部位 | 果皮 | 製程 | 壓榨法 | 狀態 | 精油—淡黃色 | 主要產地 | 義大利、象牙海岸 |

| 稀釋率 | 10% | 成分 | 檸檬烯、芳樟醇、乙酸芳樟酯 |

參考香水　DUNE／Dior

　佛手柑的特色是清爽之餘還有一絲平穩的苦味，風格上屬於新鮮的前調香氣。佛手柑精油實用性很高，不僅男女都喜歡，也能輕易結合各種類型的香氣。

萊姆 *Citrus aurantiifolia* 芸香科

部位　果皮　　製程　壓榨法、蒸汽蒸餾法　　狀態　精油—淡黃～淡綠色

主要產地　墨西哥、美國

稀釋率　10%　　　成分　檸檬烯、β - 蒎烯、γ - 萜品烯

參考香水　Guerlain Homme／Guerlain

　萊姆香氣清涼，屬於偏男性的柑橘類香氣。萊姆在法國又稱作「綠色檸檬」，適合用來勾勒輪廓鮮明的俐落柑橘調香氣。

檸檬 *Citrus limon* 芸香科

部位　果皮　　製程　壓榨法　　狀態　精油—淡黃色　　主要產地　義大利、象牙海岸

稀釋率　10%　　　成分　檸檬烯、β - 蒎烯、γ - 萜品烯

參考香水　Eau de Cologne Impériale／Guerlain

　檸檬是柑橘調的代名詞，香氣充滿清新潔淨感。如果想要描繪清新透亮的香氣印象，使用的精油一定要非常新鮮。

果香

甜橙 *Citrus sinensis* 芸香科

部位　果皮　　製程　壓榨法　　狀態　精油—淡黃色　　主要產地　義大利、巴西

稀釋率　10%　　　成分　檸檬烯、香葉烯、芳樟醇、α - 蒎烯

參考香水　Eau d'orange verte／Hermès

　甜橙的酸甜果香無人不愛，其香氣在所有柑橘類中持香度偏高、性質溫和，搭配各種調性都很合適，因此不少香水都會用上甜橙。

葡萄柚 *Citrus paradisi* 芸香科

部位　果皮　　製程　壓榨法　　狀態　精油—淡黃色　　主要產地　墨西哥、美國

稀釋率　10%　　　成分　檸檬烯、香葉烯、α - 蒎烯、諾卡酮

參考香水　Happy／Clinique

　葡萄柚具有多汁、酸甜且鮮明的印象，令人聯想到開朗活潑的情感，可以帶出輕盈的前調。

紅柑

Citrus reticulata Blanco var. tangerine 芸香科

部位　果皮　　製程　壓榨法　　狀態　精油—淡黃色　　主要產地　義大利、巴西

稀釋率　10%　　　成分　檸檬烯、香葉烯、γ-萜品烯

參考香水　London／Burberry

紅柑有與橘子相像的果香系柑橘調特徵。精油提煉自吸滿陽光精華的果實，適合搭配所有香氣，給予整體溫和又活力四射的印象。

柑橘

Citrus reticulata Blanco 芸香科

部位　果皮　　製程　壓榨法　　狀態　精油—黃、綠、橘色
主要產地　義大利、西班牙

稀釋率　10%　　　成分　檸檬烯、γ-萜品烯、α-蒎烯

參考香水　Miss Dior Chérie／Dior

橘子的香氣廣受男女老少喜愛，和任何香氣都能搭配得很好。橘子香性質安穩，沒有太強烈的特色，所以適合作為前調安插在各類型香水中。精油分成黃橘、綠橘、紅橘3種，香氣各有些微不同。

柚子

Citrus junos 芸香科

部位　果皮　　製程　壓榨法　　狀態　精油—淡黃色　　主要產地　日本

稀釋率　10%　　　成分　檸檬烯、香葉烯、γ-萜品烯

參考香水　Yuzu Man／Caron

柚子是日本的代表性柑橘，也是香水的原料之一。柚子有股特殊的清雅與水潤感，這幾年也有愈來愈多歐洲香水嘗試於配方中加入柚子。

草本調

檸檬

香茅　　　　　　　　　　　　　　　　　　　　*Cymbopogon nardus* 禾本科

| 部位 | 全株 | 製程 | 蒸汽蒸餾法 | 狀態 | 精油—黃色 | 主要產地 | 斯里蘭卡 |

| 稀釋率 | 10% | | 成分 | 香葉醇、莰烯、檸檬烯 |

參考香水　Basil／Marc Jacobs

香茅的清爽氣味類似檸檬，又帶有草本植物的清涼感。爪哇香茅（*Cymbopogon winterianus. Jowitt*）除了清爽感之外還有一股芬芳的花香調香氣。

檸檬葉　　　　　　　　　　　　　　　　　　　　*Citrus limon* 芸香科

| 部位 | 葉 | 製程 | 蒸汽蒸餾法 | 狀態 | 精油—淡黃色 | 主要產地 | 義大利 |

| 稀釋率 | 10% | | 成分 | 檸檬烯、香葉烯、香葉醇 |

參考香水　Rose En Noir／Miller Harris

檸檬葉精油提煉自檸檬的葉子，是偏柑橘調的草本調香氣。既有類似檸檬的新鮮感，也有鮮嫩通透的草本氣味。

山雞椒（馬告）　　　　　　　　　　　　　　　　*Litsea cubeba* 樟科

| 部位 | 全株 | 製程 | 蒸汽蒸餾法 | 狀態 | 精油—淡黃色 | 主要產地 | 中國 |

| 稀釋率 | 10% | | 成分 | 香葉醇、橙花醛、檸檬烯 |

參考香水　Mediterraneo／Carthusia

山雞椒有類似檸檬的柑橘調香氣，可以創造明淨的印象。不過香氣性質上又比檸檬更加清爽且持久

香蜂草（檸檬香蜂草）　　　　　　　　　　　　*Melissa officinalis* 唇形科

| 部位 | 全株 | 製程 | 蒸汽蒸餾法 | 狀態 | 精油—橙色 | 主要產地 | 法國 |

| 稀釋率 | 10% | | 成分 | 香葉醇、橙花醛、β - 石竹烯 |

參考香水　4711 Acqua Colonia Melissa & Verbena／Mäurer & Wirtz

香蜂草具有檸檬般的清澈香氣，但又具有一定深度。調香時較適合發揮其本身變化細膩又複雜的香氣特色。

檸檬草（東印度檸檬草）　　　　　　　　　　*Cymbopogon flexuosus* 禾本科

部位　**全株**　製程　**蒸汽蒸餾法**　狀態　**精油—淡黃色**　主要產地　**瓜地馬拉**

稀釋率　**10%**　　成分　**香葉醇、橙花醛、乙酸香葉酯**

參考香水　Thai Lemongrass／Pacifica

檸檬草的香氣像是草本植物與檸檬清新感的綜合體，非常適合用來表現飽滿的檸檬香氣。西印度檸檬草（*Cymbopogon citratus*）的柑橘調香氣則更強。

薄荷

胡椒薄荷　　　　　　　　　　　　　　　　　*Mentha piperita* 唇形科

部位　**全株**　製程　**蒸汽蒸餾法、溶劑萃取法**　狀態　**精油、原精—無色**
主要產地　**美國、義大利**

稀釋率　**10%**　　成分　**薄荷醇、薄荷酮、檸檬烯**

參考香水　GERANIUM POUR MONSIEUR／Editions de Parfums Frédéric Malle

薄荷分成很多種，但每種都擁有薄荷醇的獨特清涼香氣。搭配性質相反的香氣還能創造別出心裁的成品。

綠薄荷　　　　　　　　　　　　　　　　　　*Mentha spicata* 唇形科

部位　**葉**　製程　**蒸汽蒸餾法**　狀態　**精油—淡黃色**　主要產地　**印度**

稀釋率　**10%**　　成分　**香芹酮、檸檬烯、薄荷醇**

參考香水　Virgin Mint／Carolina Herrera

綠薄荷的特色就是那股口香糖般俐落且清爽的香氣，這種勁涼感有助於我們打造具有原創性的香氣。

野薄荷　　　　　　　　　　　　　　　　　　*Mentha arvensis* 唇形科

部位　**葉**　製程　**蒸汽蒸餾法**　狀態　**精油—無色**
主要產地　**日本**

稀釋率　**10%**　　成分　**薄荷醇、薄荷酮、異薄荷酮**

參考香水　Yuzu Fou／Parfum D'Empire

雖然印度也有栽種野薄荷，不過日本產的品種含有更豐富的薄荷醇，香氣品質之高更是名聞遐邇。野薄荷聞起來除了涼爽，還有一分柔軟的印象，適合用來製作質感無瑕的香氣。

大茴香

龍艾　　　　　　　　　　　　　　　　　　*Artemisia dracunculus* 菊科

部位	全株	製程	蒸汽蒸餾法	狀態	精油—淡黃色	主要產地	法國、伊朗

稀釋率	10%	成分	艾草醚、檸檬烯、α-蒎烯

參考香水	L'Eau de Neroli／Diptyque

龍艾的香氣具有清涼感、潔淨感、透明感，用於調香能增添涼爽的滋潤感，搭配柑橘調香氣還能建構自然感與古典氛圍。

八角　　　　　　　　　　　　　　　　　　　　*Illicium verum* 五味子科

部位	花苞	製程	蒸汽蒸餾法	狀態	精油—無色～黃色	主要產地	中國、義大利

稀釋率	10%	成分	茴香腦、艾草醚、檸檬烯

參考香水	Kenzo Air／KENZO

八角聞起來擁有類似茴香、大茴香的那種甜美、豐潤氣味。那種甜美和香草不一樣，性質上既清涼又輕盈。

羅勒　　　　　　　　　　　　　　　　　　　　*Ocimum basilicum* 唇形科

部位	全株	製程	蒸汽蒸餾法	狀態	精油—淡黃色	主要產地	印度

稀釋率	1%	成分	甲基蔞酚、芳樟醇、反式-β-羅勒烯

參考香水	Guerlain Aqua Allegoria Mandarine Basilic／Guerlain

羅勒有股類似大茴香的香氣，給人溫暖的感覺，同時又具有強烈的青草氣味，一點點的分量就足以帶來強勁的香氣，所以用量拿捏務必謹慎。

茴香　　　　　　　　　　　　　　　　　　　*Foeniculum vulgare* 繖形科

部位	種子	製程	蒸汽蒸餾法	狀態	精油—無色	主要產地	匈牙利、義大利

稀釋率	10%	成分	茴香腦、α-蒎烯、檸檬烯、艾草醚

參考香水	The One Gentleman／Dolce & Gabbana

茴香的香氣令人聯想到大茴香的甜美感，適合表現有別於香草的輕甜氣息。其沉穩且帶點女人味的印象也能安撫心靈。

香草植物

歐白芷（當歸） *Angelica archangelica* 繖形科

部位 種子、根	製程 蒸汽蒸餾法	狀態 精油─褐色	主要產地 法國、比利時

稀釋率 10%	成分 α-蒎烯、β-水茴香萜

參考香水 Angeliques Sous La Pluie／Editions de Parfums Frédéric Malle

從歐白芷根提煉的精油為乾爽的木質調，從種子提煉的精油則多一點薄荷似的氣味。雖然兩者有些微差異，但基礎香氣都是令人聯想到大自然恩惠的草本調。

羅馬洋甘菊 *Anthemis nobilis* 菊科

部位 全株	製程 蒸汽蒸餾法	狀態 精油─淡黃色	主要產地 法國、美國

稀釋率 10%	成分 歐白芷酸異丁酯、歐白芷酸異戊酯

參考香水 ESCAPE／Calvin Klein

羅馬甘菊在草本調中較為柔和、低調，有一種乾草般的氣息。適合用於增添沉穩感與些微芬芳印象。

快樂鼠尾草 *Salvia sclarea* 唇形科

部位 全株	製程 蒸汽蒸餾法、溶劑萃取法	狀態 精油、原精─無色
主要產地 俄羅斯、法國		

稀釋率 10%	成分 乙酸芳樟酯、芳樟醇、大根香葉烯D

參考香水 Mandragore／Annick Goutal

快樂鼠尾草常用於男性香水，它清新的草本氣味可以增添暢快印象與自然感。

百里香 *Thymus vulgaris* 唇形科

部位 全株	製程 蒸汽蒸餾法、溶劑萃取法	狀態 精油、原精─淡黃色
主要產地 法國		

稀釋率 1%	成分 百里酚、對繖花烴、γ-萜品烯

參考香水 Paco Rabanne Pour Homme／Paco Rabanne

雖然不同化學類型的百里香成分不盡相同，但基本上都擁有俐落的清香。百里香具有獨一無二的草本特色，只要一點點味道就很強烈，所以調配時要注意用量。

茶樹　　　　　　　　　　　　　　　*Melaleuca alternifolia* 桃金孃科

部位　**全株**　製程　**蒸汽蒸餾法**　狀態　**精油—無色**　主要產地　**澳洲**

稀釋率　**10%**　　成分　**萜品烯 -4- 醇、γ- 萜品烯、α- 萜品烯**

參考香水　L'eau des Hesperides／Diptyque

茶樹的香氣屬於溫和、紓壓的草本植物調，有一種能鎮靜情緒的天然感。

薰衣草　　　　　　　　　　　　　*Lavandula officinalis* 唇形科

部位　**全株**　製程　**蒸汽蒸餾法、溶劑萃取法**　狀態　**精油、原精—淡黃色**
主要產地　**法國**

稀釋率　**10%**　　成分　**芳樟醇、乙酸芳樟酯、順式 -β- 羅勒烯**

參考香水　English Lavender／YARDLEY

薰衣草的香氣經常出現在歐洲的亞麻布品和男性化妝品上，因此往往給人乾淨、
安心的感覺。薰衣草是構成馥奇調的原料之一，種類相當豐富，每個種類的香氣
性質也不盡相同。

樟腦、桉油醇

綠花白千層　　　　　　　　　*Melaleuca quinquenervia* 桃金孃科

部位　**全株**　製程　**蒸汽蒸餾法**　狀態　**精油—無色**　主要產地　**馬達加斯加**

稀釋率　**10%**　　成分　**1,8- 桉油醇、α- 蒎烯、檸檬烯**

——

綠花白千層搭配尤加利、薄荷、檸檬時，更能襯托那清涼、清爽的香氣，尾段還
有一絲木質調氣息，適合用於呈現俐落的香氣。

甜馬鬱蘭　　　　　　　　　　　　*Origanum majorana* 唇形科

部位　**全株**　製程　**蒸汽蒸餾法**　狀態　**精油—淡黃色**　主要產地　**法國、西班牙**

稀釋率　**10%**　　成分　**萜品烯 -4- 醇、反式 - 水合檜烯、γ- 萜品烯**

參考香水　EQUIPAGE／Hermès

甜馬鬱蘭是法式料理經常用到的香草植物之一，自然的香氣令人聯想到一座藥草
園，具有柔美、安穩的感覺。

香桃木

Myrtus communis 桃金孃科

| 部位 | 全株 | 製程 | 蒸汽蒸餾法 | 狀態 | 精油—淡紅色 | 主要產地 | 摩洛哥 |

| 稀釋率 | 10% | | 成分 | 1,8- 桉油醇、α- 蒎烯、乙酸香桃木酯 |

| 參考香水 | Colonia Intensa／Acqua di Parma |

香桃木最大的特色在於香氣簡單俐落，具有清涼感與清潔感，仔細聞還有一點點的木質調香氣，可以用於表現新鮮的氣息。

藍膠尤加利

Eucalyptus globulus 桃金孃科

| 部位 | 全株 | 製程 | 蒸汽蒸餾法 | 狀態 | 精油—無色 |
| 主要產地 | 澳洲、葡萄牙 |

| 稀釋率 | 10% | | 成分 | 1,8- 桉油醇、α- 蒎烯、檸檬烯 |

| 參考香水 | POLO／Ralph Lauren |

雖然尤加利的品種五花八門，但每一種都具有暢快奔放的香氣特色。搭配柑橘調或桉油醇類的香氣還能進一步加強清新感。

檸檬尤加利

Eucalyptus citriodora 桃金孃科

| 部位 | 葉 | 製程 | 蒸汽蒸餾法 | 狀態 | 精油—淡黃色～黃色 | 主要產地 | 馬達加斯加 |

| 稀釋率 | 10% | | 成分 | 香茅醛、異胡薄荷醇、香茅醇 |

檸檬尤加利擁有類似檸檬的清香，帶點草本氣息，搭配輕盈且不會太甜膩的香氣可以形成相當乾淨又新鮮的印象。

桉油醇迷迭香

Rosmarinus officinalis 唇形科

| 部位 | 全株 | 製程 | 蒸汽蒸餾法 | 狀態 | 精油—無色 | 主要產地 | 西班牙、突尼西亞 |

| 稀釋率 | 10% | | 成分 | α- 蒎烯、1,8- 桉油醇、樟腦 |

| 參考香水 | Jicky／Guerlain |

不同化學類型的迷迭香具備不同的香氣意象，不過搭配其他桉油醇類香氣一起使用可以創造更加俐落、暢快的香氣。

月桂葉

Laurus nobilis 樟科

| 部位 | 全株 | 製程 | 蒸汽蒸餾法、溶劑萃取法 | 狀態 | 精油、原精—淡黃色 |

主要產地　法國、西印度群島

稀釋率　10%　　成分　1,8- 桉油醇、α - 萜品醇、α - 乙酸萜品酯

參考香水　Jules／Dior

月桂葉是經常用於燉菜的香草植物之一，香氣具有清涼感，還有香草植物獨特的韻味與少許辛香料的刺激感，調香時可增添自然的氛圍。

芳樟醇

芳樟

Cinnamomum camphora 樟科

部位　樹幹／葉　製程　蒸汽蒸餾法　狀態　精油—無色　主要產地　中國

稀釋率　10%　　成分　芳樟醇、氧化芳樟醇

芳樟的氣味溫暖、安詳，帶有樸實的中性印象。適合用於統整所有香氣，給予安定感。

花梨木

Aniba roseodora 樟科

部位　樹幹　製程　蒸汽蒸餾法　狀態　精油—無色～淡黃色　主要產地　巴西

稀釋率　10%　　成分　芳樟醇、α - 萜品醇、香葉醇

參考香水　Lovely／Sarah Jessica Parker

花梨木特別的地方是有一種溫柔的呵護感，香氣具有花朵般的溫馨印象。假如調配好的香氣不太平衡，可以用花梨木包住整體，帶來安定感。

化學類型（Chemotypes）

即使一種植物在植物學分類上的科、屬、種皆相同，但因成長環境差異以致化學成分明顯不同時，製造出來的精油便屬於不同化學類型。例如迷迭香、百里香、羅勒、茶樹、綠花白千層的精油就擁有好幾種化學類型。尤加利精油雖然也有許多種（藍膠尤加利、檸檬尤加利），但它們使用的原料在植物學上本來就是不同的品種。

中調精油

花香調

玫瑰

天竺葵   *Pelargonium graveolens* 牻牛兒苗科

部位 花、葉 製程 蒸汽蒸餾法、溶劑萃取法	
狀態 精油、原精—淡黃色 主要產地 法國、中國	
稀釋率 10% 成分 香茅醇、香葉醇、甲酸香茅酯	

參考香水 Platinum Egoiste／CHANEL

　　天竺葵的香氣十分澄澈，且含有大量玫瑰也有的香葉醇，因此可以用來代替部分缺少華麗香氣的玫瑰精油。天竺葵也是建構馥奇調的常用原料之一。

玫瑰草（馬丁香茅）   *Cymbopogon martinii* 禾本科

部位 全株 製程 蒸汽蒸餾法 狀態 精油—淡黃色	
主要產地 印度、馬達加斯加	
稀釋率 10% 成分 香葉醇、乙酸香葉酯、芳樟醇、β-石竹烯	

參考香水 Eau du Ciel／Annick Goutal

　　玫瑰草和天竺葵一樣含有許多香葉醇，因此也具備類似玫瑰的香氣。其鮮美中帶點野性的花香不只適合用於女性香水，也很適合用於男性花香調香水。

純質玫瑰（玫瑰原精）   *Rosa damascena* 薔薇科

部位 花 製程 溶劑萃取法 狀態 原精—濃黃色 主要產地 摩洛哥、土耳其	
稀釋率 10% 成分 苯乙醇、香茅醇、香葉醇	

參考香水 Rose Absolue／Annick Goutal

　　純質玫瑰精油的香氣優雅且濃郁。有一種千葉玫瑰（*Rosa centifolia*）又稱作五月玫瑰，是非常珍貴的香料。純質玫瑰只要用上少少幾滴就能讓玫瑰馥郁的芬芳盛開，調香時能增加香氣的飽滿度與華麗度。

奧圖玫瑰

Rosa damascena 薔薇科

部位 花	製程 蒸汽蒸餾法	狀態 精油—無色	主要產地 土耳其、保加利亞

稀釋率 1%	成分 香茅醇、香葉醇、橙花醇

參考香水　L'Eau D'Issey Florale／ISSEY MIYAKE

　　奧圖玫瑰精油的香氣優美細膩，是非常典型的花香。相較於純質玫瑰厚重且富麗的印象，奧圖玫瑰較為淡雅而纖細。

甜美

依蘭依蘭

Cananga odorata 番荔枝科

部位 花	製程 蒸汽蒸餾法	狀態 精油—淡黃色	主要產地 馬達加斯加

稀釋率 10%	成分 大根香葉烯 D、β-石竹烯、α-金合歡烯

參考香水　Amarige／Givenchy

　　依蘭依蘭擁有類似茉莉那種嬌媚、深不可測的花香。不同萃取等級的依蘭依蘭精油所呈現出來的香氣也不一樣，不過用於調香時都能增加整體的飽滿度、華麗感。等級較高的精油還會多一分嬌豔又迷人的魅力。

大花茉莉

Jasminum grandiflorum 木犀科

部位 花	製程 溶劑萃取法	狀態 原精—濃黃色
主要產地 法國、埃及		

稀釋率 10%	成分 乙酸苄酯、苯甲酸苄酯、植醇

參考香水　JOY／Jean Patou

　　要說哪款花香調精油香氣最絢麗，那麼非大花茉莉原精莫屬。其優雅而穩重的感覺與依蘭依蘭類似，不過香氣組成更為複雜且細膩。

橙花

橙花原精（Orange Blossom） *Citrus aurantium* 芸香科

部位 花	製程 溶劑萃取法	狀態 原精—橙色	主要產地 印度、突尼西亞

稀釋率 5%	成分 芳樟醇、乙酸芳樟酯、金合歡醇、鄰胺苯酸甲酯

參考香水 Poeme／LANC ME

橙花原精的香氣比橙花精油更加馥郁、厚重、魅人，而且也更持久。橙花特有的香氣令人印象深刻，調香時可以用來表現獨一無二的個性。

橙花精油（Neroli） *Citrus aurantium* 芸香科

部位 花	製程 蒸汽蒸餾法	狀態 精油—淡黃色	主要產地 摩洛哥、突尼西亞

稀釋率 10%	成分 β-蒎烯、檸檬烯、芳樟醇、反式-β-羅勒烯

參考香水 Orange Blossom／Penhaligon's

在歐洲，橙花精油是兒童香水必備的香氣。因為其香氣印象嬌柔，所以經常用於強調輕盈個性的香水。適合表現明亮與輕快感。

苦橙葉 *Citrus aurantium* 芸香科

部位 葉	製程 蒸汽蒸餾法	狀態 精油—淡黃色	主要產地 義大利、突尼西亞

稀釋率 10%	成分 乙酸芳樟酯、芳樟醇、α-萜品醇、乙酸香葉酯

參考香水 Cologne／Thierry Mugler

苦橙葉擁有的柔美香氣非常適合用於調製清爽類型的花香調，營造平穩、輕甜、別緻的花朵氣息。

晚香玉 *Polianthes tuberosa* 石蒜科

部位 花	製程 溶劑萃取法	狀態 原精（有黏性）—棕色
主要產地 印度		

稀釋率 1%	成分 苯甲酸苄酯、棕櫚酸、水楊酸甲酯、鄰胺苯酸甲酯

參考香水 Poison／Dior

晚香玉的香氣極為妖豔、嫵媚，帶有一點橙花和一點泥土的香氣，而且香氣持續時間長，非常適合用來表現飽滿感和高級感。

綠葉

小花茉莉　　　　　　　　　　　　　　　　*Jasminum sambac* 木犀科

| 部位 花 | 製程 溶劑萃取法 | 狀態 原精—黃色 | 主要產地 印度 |

稀釋率 5%　　　成分　芳樟醇、乙酸苄酯、吲哚、cis-3- Hexenyl Benzoate

參考香水　J'adore／Dior

小花茉莉用來增添茉莉花茶香氣的原料，聞起來格外嬌美。若搭配有透明感的香氣，性質古典且往往偏厚重的花香調香水也會瞬間變得鮮活，更趨近現代感。

白玉蘭　　　　　　　　　　　　　　　　　*Magnolia alba* 木蘭科

| 部位 花 | 製程 蒸汽蒸餾法 | 狀態 精油—淡黃色 | 主要產地 中國 |

稀釋率 5%　　　成分　芳樟醇、2- 甲基丁酸甲酯、β - 石竹烯

參考香水　Tocade／ROCHAS

白玉蘭前段帶有類似青蘋果的香氣，還有些許草本印象。白玉蘭是相當貴重的香料，每5公斤的原料只能提煉出1公克的精油。

爽身粉

金合歡　　　　　　　　　　　　　　　　　*Acacia farnesiana* 豆科

部位 花、葉　　製程 溶劑萃取法　　狀態 原精（半固態）—黃色
主要產地 法國

稀釋率 5%　　　成分　苯甲醇、水楊酸甲酯、棕櫚酸、亞麻油酸

參考香水　Apres L'Ondee／Guerlain

金合歡擁有濃郁、甜蜜的花香，摻著一些類似銀合歡的爽身粉調香氣，以及一點綠香調香氣。調香時可以增添豐厚感與溫馨感。

黃水仙

Narcissus jonquilla 石蒜科

部位	花	製程	溶劑萃取法	狀態	原精（有黏性）—棕色

主要產地　法國

稀釋率	5%	成分	乙酸苄酯、乙酸芳樟酯、桂皮酸乙酯

參考香水　L'interdit／Givenchy

黃水仙雖然屬於爽身粉系花香，不過也帶有一點草本的氣味，而且十分有深度，用量不多也能散發出明顯的香氣，調香時可以給予整體飽滿感與天然感。

鷹爪豆（西班牙金雀花）

Spartium junceum 豆科

部位	花	製程	溶劑萃取法	狀態	原精、凝香體（有黏性）—棕色

主要產地　法國、西班牙

稀釋率	5%	成分	肉豆蔻酸、棕櫚酸、亞麻油酸、次亞麻油酸

參考香水　Madame Rochas／ROCHAS

鷹爪豆擁有類似蜂蜜的厚重香氣，爽身粉類的氣味非常突出，同時又帶著一絲綠香調。調香時能增加整體厚度，增添微微的花香與飽滿感。

水仙

Narcissus poeticus 石蒜科

部位	花	製程	溶劑萃取法	狀態	原精（有黏性）—棕色

主要產地　法國

稀釋率	5%	成分	cis-3- Hexenyl Benzoate、α-萜品醇、苯甲酸苄酯

參考香水　Narcisse Noir／Caron

水仙帶著一點青草香，屬於比較繁複的花香調。它有乾草般的爽身粉香氣與蜂蜜似的甜美氣息，經常用於調製花香類與西普類香水。

銀合歡（銀荊）

Acacia dealbata 豆科

部位	花	製程	溶劑萃取法	狀態	原精（半固態）—淡黃色

主要產地　法國、印度

稀釋率	5%	成分	羽扇豆醇、十七碳烯、棕梠酸、苯乙醛

參考香水　Champs-lysées Guerlain

銀合歡是略帶青草香氣息的爽身粉系花香調，揮發一段時間後還會產生蜂蜜般甜蜜華美的香氣，適合用於調配具有高級感與獨特性的香水。少許精油就足以清晰凸顯銀合歡的香氣。

綠香調

白松香　　　　　　　　　　　　　　　*Ferula galbaniflua* 繖形科

部位　樹脂　　製程　蒸汽蒸餾法、溶劑萃取法
狀態　精油、原精、樹脂（有黏性）—淡黃色　　主要產地　土耳其、伊朗

稀釋率　1%　　　　成分　β-蒎烯、δ-3-蒈烯、α-蒎烯

參考香水　N°19／CHANEL

白松香的前調相當銳利、強烈，鮮明的清涼香氣中帶有一點木質調、果香調的氣味，適合加入柑橘調與花香調的香水以加強前調的印象。

萬壽菊　　　　　　　　　　　　　　　*Tagetes minuta* 菊科

部位　全株　　製程　蒸汽蒸餾法　　狀態　精油—淡黃色　　主要產地　墨西哥、美國

稀釋率　1%　　　　成分　檸檬烯、順式-β-羅勒烯、二氫萬壽菊酮

參考香水　Dalissime／Salvador Dal

萬壽菊擁有乾燥草本的濃厚香氣，同時也帶有一點像是酸酸甜甜的蘋果、鳳梨糖果的調性，除了用來點綴其他香氣，也很適合簡單調配以享受其本身的特色。

紫羅蘭葉　　　　　　　　　　　　　　*Viola odorata* 菫菜科

部位　葉　　製程　溶劑萃取法　　狀態　原精（有黏性）—綠色
主要產地　法國、美國

稀釋率　1%　　　　成分　亞麻油酸、棕櫚酸、次亞麻油酸、順式-3-己烯醇

參考香水　Fahrenheit／Dior

紫羅蘭葉的特色是那股青翠綠葉香，不只擁有蜂蜜、奶油、金合歡似的溫和，揮發一段時間後還會變化成類似蘚苔的氣味，適合用來強調獨創性。

薰陸香（乳香黃連木）　　　　　　　　　*Pistacia lentiscus* 漆樹科

部位　枝葉　　製程　蒸汽蒸餾法、溶劑萃取法　　狀態　精油、原精—淡黃色
主要產地　法國、摩洛哥

稀釋率　1%　　　成分　香葉烯、α-蒎烯、檸檬烯

參考香水　Eau d'Ikar／Sisley

　　薰陸香的特色在於銳利的清涼綠香，可以營造偏男性印象的暢快感，想要調製風格特殊的柑橘調香水時是個不錯的點綴。

白玉蘭葉　　　　　　　　　　　　　　　*Magnolia alba* 木蘭科

部位　葉　　製程　蒸汽蒸餾法　　狀態　精油—黃色　　主要產地　中國

稀釋率　10%　　　成分　芳樟醇、β-石竹烯

參考香水　Play For Her／Givenchy

　　白玉蘭葉的香氣就像草原上的微風，新鮮而柔美。白玉蘭葉相當珍貴，每5公斤的原料只能提煉出1公克的精油。

果香調

桂花

Osmanthus fragrans 木犀科

部位　花　　製程　溶劑萃取法　狀態　原精—黃色　　主要產地　中國

稀釋率　1%　　成分　順式-氧化芳樟醇、二氫-β-紫羅蘭酮、β-紫羅蘭酮

參考香水　Ultraviolet／Paco Rabanne

桂花的甜美香氣令人聯想到黃色水果，既具有蜂蜜似的甜蜜氣味，又有麂皮似的柔軟質感，還帶著一分性感。

印蒿

Artemisia pallens 菊科

部位　花　　製程　蒸汽蒸餾法　狀態　精油—黃色　　主要產地　印度

稀釋率　10%　　成分　芳樟醇、印蒿酮

參考香水　Givenchy Pour Homme／Givenchy

印蒿香氣的前調宛如櫻桃酒，獨特的甜美香氣中帶有艾草般的溫暖感。整體香氣圓潤且有深度，但又不失可愛的感覺。

黑醋栗

Ribes nigrum 茶藨子科

部位　葉芽　　製程　溶劑萃取法　狀態　原精—黃色
主要產地　法國、葡萄牙

稀釋率　5%　　成分　檜烯、對繖花烴、δ-3-蒈烯

參考香水　First／Van Cleef & Arpels

提煉自黑醋栗葉片嫩芽的精油具有強烈的酸甜氣味與一點青草香，宛如烈酒一般充滿個性。調香上建議配方單純一點，以免破壞原本的香氣。

後調精油

辛香調

溫暖

多香果
Pimenta dioica 桃金孃科

| 部位 | 葉、種子 | 製程 | 蒸汽蒸餾法 | 狀態 | 精油—淡黃~棕色 | 主要產地 | 牙買加 |

| 稀釋率 | 1% | 成分 | 丁香油酚、丁香酚甲酯、β-石竹烯 |

| 參考香水 | Gucci Pour Homme II／GUCCI |

多香果擁有丁香油酚帶來的濃烈香氣，前調溫暖，隨後逐漸轉變為類似香脂、質感粗獷的後調。

丁香
Eugenia caryophyllata 桃金孃科

| 部位 | 葉、花苞 | 製程 | 蒸汽蒸餾法 | 狀態 | 精油—淡棕色 |
| 主要產地 | 印度、印尼 |

| 稀釋率 | 1% | 成分 | 丁香油酚、β-石竹烯、乙酸丁香油酚 |

| 參考香水 | L'Air du Temps／Nina Ricci |

丁香含有的丁香油酚具有非常強烈的特殊香氣，可以創造鮮明的力道。從丁香花苞提煉出來的精油有木質調的香氣，印象上比從葉子提煉的精油沉穩一些。

肉桂（錫蘭肉桂）
Cinnamomum zeylanicum 樟科

| 部位 | 樹皮、葉 | 製程 | 蒸汽蒸餾法 | 狀態 | 精油—淡黃色 | 主要產地 | 斯里蘭卡 |

| 稀釋率 | 1% | 成分 | 丁香油酚、桂皮醛、乙酸桂皮酯 |

| 參考香水 | Egoiste／CHANEL |

肉桂是我們飲食上也很常見的辛香料，舉凡京都的和菓子「八橋」、蘋果派、熱紅酒都會用到。雖然從葉片和從樹皮提煉出來的精油香氣不太一樣，但都屬於感覺溫暖的辛香調香氣。

清涼

欖香脂
Canarium luzonicum 橄欖科

部位　樹脂　製程　蒸汽蒸餾法、溶劑萃取法　狀態　精油、樹脂—淡黃色
主要產地　菲律賓、馬來西亞

稀釋率　10%　成分　檸檬烯、α - 水茴香萜、欖香醇、欖香素

參考香水　L'Heure Mysterieuse／Cartier

欖香脂鮮明的清爽香氣之中摻有一絲辛香料的刺激感，前調特別能感受到其細膩的質感。調香時建議採用極簡配方，比方說做成柑橘調的古龍水。

杜松子
Juniperus communis 柏木科

部位　果實　製程　蒸汽蒸餾法　狀態　精油—無色　主要產地　印度、保加利亞

稀釋率　10%　成分　α - 蒎烯、香葉烯、檜烯、檸檬烯

參考香水　Juniper Sling／Penhaligon's

杜松子是賦予琴酒獨特香氣的知名香料，精油風格相當清涼、俐落，屬於清新澄淨的辛香調香氣。

黑胡椒
Piper nigrum 胡椒科

部位　種子　製程　蒸汽蒸餾法　狀態　精油—淡棕色　主要產地　印度、斯里蘭卡

稀釋率　1%　成分　β - 石竹烯、檸檬烯、β - 蒎烯

參考香水　Poivre Samarcande／Hermès

黑胡椒的香氣帶有辛辣感、刺激感，同時也具備新鮮、爽朗的活潑感。一點點的精油就有很強烈的味道，所以調香時要注意用量。

粉紅胡椒
Schinus terebinthifolius 漆樹科

部位　種子　製程　蒸汽蒸餾法　狀態　精油—淡黃色
主要產地　留尼旺島、馬達加斯加

稀釋率　1%　成分　α - 水茴香萜、香葉烯、檸檬烯、α - 蒎烯

參考香水　Pleasures／Estee Lauder

粉紅胡椒的香氣清涼，辛辣感之餘還能感受到一絲鮮嫩的氣息，經常用於建構香水前調。

187

異國

小荳蔻
Elettaria cardamomum 薑科

部位	種子	製程	蒸汽蒸餾法	狀態	精油—無色	主要產地	印度、瓜地馬拉

稀釋率	1%	成分	α-乙酸萜品酯、1,8-桉油醇、乙酸芳樟酯

參考香水	Kashan Rose／The Different Company

小荳蔻聞起來有一股凜冽、新鮮的清涼感，隨著時間經過還會醞釀出一股彷彿來自遙遠異國的性感印象。小荳蔻精油只要一點點氣味就很濃烈，所以調香時需注意用量。

藏茴香（葛縷籽）
Carum carvi 繖形科

部位	種子	製程	蒸汽蒸餾法	狀態	精油—淡黃色	主要產地	荷蘭、北非

稀釋率	1%	成分	香芹酮、檸檬烯、香葉烯

參考香水	Azzaro Pour Homme／AZZARO

藏茴香刺激而涼爽的前調香氣宛如薄荷，隨後溫暖感、異國風情會漸漸增強，適合在調香時用來加強前調印象。

孜然（小茴香）
Cuminum cyminum 繖形科

部位	種子	製程	蒸汽蒸餾法	狀態	精油—黃色	主要產地	埃及、印度

稀釋率	1%	成分	小茴香醛、γ-萜品烯、β-蒎烯

參考香水	Declaration／Cartier

孜然的香氣非常特別且濃烈，濃度太高可能令人反胃，但少許用量則能為整體增添一抹性感。

芫荽籽（胡荽籽）
Coriandrum sativum 繖形科

部位	種子	製程	蒸汽蒸餾法	狀態	精油—淡黃色	主要產地	俄羅斯、匈牙利

稀釋率	10%	成分	芳樟醇、α-蒎烯、γ-萜品烯

參考香水	Un Jardin apres la Mousson／Hermès

芫荽籽的香氣溫暖且與眾不同，前調充滿新鮮感，接著溫厚感漸增。芫荽籽和小荳蔻一樣，可以替整體香氣點綴一分性感。

番紅花

Crocus sativus 鳶尾科

部位　雌蕊　製程　蒸汽蒸餾法、溶劑萃取法　狀態　精油、樹脂—紅褐色
主要產地　印度、伊朗

稀釋率　1%　　成分　番紅花醛、番紅花素

參考香水　Safran Troublant／L'Artisan Parfumeur

番紅花的香氣獨特且濃郁，一點點精油就足以鮮明呈現其獨一無二且令人印象深刻的印象。

薑

Zingiber officinalis 薑科

部位　根莖　製程　蒸汽蒸餾法、溶劑萃取法　狀態　精油、原精—淡黃色
主要產地　中國、印度

稀釋率　1%　　成分　薑萜、β-倍半水芹烯、α-薑黃烯

參考香水　Dior Homme Cologne／Dior

薑獨特的辛辣香氣經過稀釋會很好運用，搭配柑橘調或辛香調的精油更能凸顯出其新鮮又有深度的美好香氣。

芹菜籽

Apium graveolens 繖形科

部位　種子　製程　蒸汽蒸餾法　狀態　精油—無色　主要產地　印度、匈牙利

稀釋率　1%　　成分　檸檬烯、β-芹子烯、α-芹子烯

參考香水　Purple Fantasy／Guerlain

芹菜籽香氣強烈，通常調香時用量不多，只會用來點綴或賦予香水一點獨特的個性。仔細一聞還能聞到類似大茴香的香氣。

肉豆蔻

Myristica fragrans 肉荳蔻科

部位　果實　製程　蒸汽蒸餾法　狀態　精油—淡黃色　主要產地　印度、印尼

稀釋率　10%　　成分　檜烯、α-蒎烯、β-蒎烯

參考香水　Pour L'Homme／Cacharel

肉豆蔻聞起來深厚、柔和，搭配其他辛香料可以形成充滿獨創性的辛香類基調，而且只要一點點就足以替整體增添一分肉豆蔻獨特的印象。

木質調

乾燥

檀香
Santalum album 檀香科

| 部位 | 樹幹 | 製程 | 蒸汽蒸餾法 | 狀態 | 精油（有黏性）—無色 | 主要產地 | 印度 |

| 稀釋率 | 10% | 成分 | 順式-α-檀香醇、epi-β-檀香醇、順式-β-檀香醇 |

| 參考香水 | Samsara／Guerlain |

Santalum album品種的香氣優雅且帶點乳脂感，調香時能靜靜包容其他香料；其他品種的檀香氣味則比較乾燥且厚實。檀香的持香度在所有木質調香氣之中也是數一數二的存在。

維吉尼亞雪松
Juniperus virginiana 柏木科

| 部位 | 樹幹 | 製程 | 蒸汽蒸餾法 | 狀態 | 精油（有黏性）—淡黃色 | 主要產地 | 美國 |

| 稀釋率 | 10% | 成分 | 雪松醇、α-雪松烯、Thujopsene、β-Funebrene |

| 參考香水 | Very Irresistible for men／Givenchy |

維吉尼亞雪松是最頻繁使用的木質調香料，聞起來有種令人安心的溫馨感，可以用來建構香水的骨幹，提供安定感。其特色在於那類似鉛筆的乾香。

檜木
Chamaecyparis obtusa 柏木科

| 部位 | 樹幹 | 製程 | 蒸汽蒸餾法 | 狀態 | 精油（有黏性）—淡黃色 | 主要產地 | 日本 |

| 稀釋率 | 10% | 成分 | 檸檬烯、檜烯、γ-萜品烯 |

| 參考香水 | Les Voyages Olfactifs 03 Paris-Tokyo／Guerlain |

檜木是日本的代表性香氣，具有沉著穩重的性質，且令人感到巍峨。調香時可以增加整體的沉穩感與安定感。

潮濕

岩蘭草
Vetiveria zizanioides 禾本科

| 部位 | 根 | 製程 | 蒸汽蒸餾法、溶劑萃取法 | 狀態 | 精油、原精（有黏性）—黃色 |
| 主要產地 | 海地、爪哇 |

| 稀釋率 | 1% | 成分 | Isovalencenol、Khusimol、α-香根酮 |

參考香水　Vétiver／Guerlain

岩蘭草的香氣狂野又有力，有種潮濕木頭的香氣，是調製男性香水與馥奇調時相當重要的原料。

廣藿香 *Pogostemon cablin* 唇形科

部位　全株　　製程　蒸汽蒸餾法　　狀態　精油─棕色
主要產地　印尼、馬來西亞

稀釋率　10%　　　成分　廣藿香醇、α‐Bulnesene、α‐Guaiene

參考香水　Aromatics Elixir／Clinique

廣藿香是帶點潮濕氣味的木質調香氣，搭配香草可調配成東方調香氣和弦。除此之外，廣藿香在馥奇調、西普調中也扮演了重要角色。

清香

絲柏 *Cupressus sempervirens* 柏木科

部位　葉　　製程　蒸汽蒸餾法　　狀態　精油─無色　　主要產地　法國、巴西

稀釋率　10%　　　成分　α‐蒎烯、δ‐3‐蒈烯、香葉烯、雪松醇

參考香水　Eau D'Hadrien／Annick Goutal

絲柏屬於性質較輕盈的木質調香氣，前段香氣接近清新鮮嫩的草本調，接著才慢慢浮現木質本色。

大西洋雪松 *Cedrus atlantica* 松科

部位　樹幹　　製程　蒸汽蒸餾法　　狀態　精油（有黏性）─無色　　主要產地　摩洛哥

稀釋率　10%　　　成分　β‐喜馬拉雅雪松烯、α‐喜馬拉雅雪松烯、γ‐喜馬拉雅雪松烯

參考香水　Féminité Du Bois／Serge Lutens

大西洋雪松具有輕盈的新鮮木質香，前段香氣明亮，接著木質調的特色慢慢浮現。適合用於調配具有透明感的木質調香水。

松針 *Pinus sylvestris* 松科

部位　葉　　製程　蒸汽蒸餾法　　狀態　精油─無色　　主要產地　法國、俄羅斯

稀釋率　10%　　　成分　α‐蒎烯、β‐蒎烯、δ‐3‐蒈烯、檸檬烯、莰烯

參考香水　ZEN／資生堂

松針前段涼爽的香氣較接近葉片香，隨後慢慢轉為沉穩的木質調。可以搭配柑橘調，調成略帶木質香、充滿清潔感的柑橘調香水。

西伯利亞冷杉　　　　　　　　　　　　　　*Abies sibirica* 松科

部位　葉　製程　蒸汽蒸餾法　狀態　精油—無色　主要產地　俄羅斯

稀釋率　10%　　　成分　乙酸龍腦酯、莰烯、α-蒎烯、γ-3-蒈烯

參考香水　Par 4／Detaille

西伯利亞冷杉擁有皎潔而俐落的清香，需與空氣接觸一段時間後才會逐漸浮現溫暖而飽滿的木質調香氣。

煙燻

玉檀木　　　　　　　　　　　　　　*Bulnesia sarmientoi* 蒺藜科

部位　樹幹　製程　蒸汽蒸餾法　狀態　精油（半固態）—淡黃色　主要產地　巴拉圭

稀釋率　5%　　　成分　癒創木醇、癒創木酚、α-桉葉醇

參考香水　Rose 31／LE LABO

玉檀木的香氣帶點煙燻感，適合用來表現野性印象，打造香水獨特的個性，也能夠撐起整體香氣的飽和度。

香脂

乳香　　　　　　　　　　　　　　*Boswellia carterii* 橄欖科

部位　樹脂　製程　蒸汽蒸餾法、溶劑萃取法
狀態　精油、樹脂（有黏性）—無色　主要產地　衣索比亞、索馬利亞

稀釋率　10%　　　成分　α-蒎烯、檸檬烯、α-側柏烯

參考香水　Incense Oud／TOM FORD

乳香的前調爽朗，香脂的特色要過一段時間才會慢慢浮現。從樹脂提煉的精油往往香氣較持久。乳香是教堂常用的焚香材料，所以歐洲人對其深沉的香氣並不陌生。

沒藥

Commiphora myrrha 橄欖科

部位　樹脂　製程　蒸汽蒸餾法、溶劑萃取法　狀態　精油、樹脂—無色
主要產地　索馬利亞

稀釋率　10%　成分　呋喃桉 -1,3- 二烯、莪術呋喃烯、香樟烯

參考香水　Myrrhe Impériale／Armani

沒藥在歐洲通常給人高貴的印象，其香脂類氣味令人聯想到蘑菇和番紅花，持香
度偏高，和木質調、東方調香氣十分相配。

蘚苔

橡苔

Evernia prunastri 梅花衣科

部位　全株　製程　溶劑萃取法　狀態　原精（有黏性）—深綠～棕褐色
主要產地　南斯拉夫

稀釋率　1%　成分　Orcinol Monomethyl Ether、
Methyl 2,4 - dihydroxy -3,6- dimethylbenzoate、
methyl β - orcinol carboxylate

參考香水　Vol de nuit／Guerlain

橡苔屬於擁有溫厚包容力的蘚苔木質調，是構成馥奇調、西普調的重要元素。橡
苔的香氣沉重，在天然香料中持香度也是名列前茅。

皮革調

岩玫瑰（Cistus、Rock Roses、Labdanum）

Cistus ladaniferus 半日花科

部位　樹枝、葉　製程　蒸汽蒸餾法　狀態　精油（有黏性）—棕色
主要產地　法國、西班牙

稀釋率　1%　成分　α- 蒎烯、莰烯、乙酸龍腦酯

參考香水　Gucci Eau de Parfum／GUCCI

岩玫瑰的特殊香氣令人聯想到皮革製品，前段先是草本調，後逐漸轉向充滿包容
力的溫馨尾韻。這種特色非常適合用於調製具有原創性的香氣。

蘇合香

Liquidambar styraciflua 金縷梅科

| 部位 | 樹脂 | 製程 | 蒸汽蒸餾法、溶劑萃取法 | 狀態 | 精油、樹脂—黃色 |
| 主要產地 | 土耳其、宏都拉斯 |

| 稀釋率 | 1% | 成分 | 桂皮醇、苯乙烯、桂皮酸苄酯 |

| 參考香水 | No11 Cuir Styrax／PRADA |

蘇合香的香氣強烈且銳利，和其他皮革調香氣一樣必須謹慎使用。蘇合香適合調
配成帶點辛香料氣息的花香調，或具有香脂感的東方調香氣，效果在於增添香氣
特徵並提供厚實度。

樺木

Betula alba 樺木科

| 部位 | 樹皮 | 製程 | 蒸汽蒸餾法 | 狀態 | 精油—棕色 | 主要產地 | 加拿大、挪威 |

| 稀釋率 | 1% | 成分 | α‐Betulenol、Creosol |

| 參考香水 | Bel Ami／Hermès |

樺木帶點煙燻氣味，深沉且飽滿，一點點就能賦予整體沉著男性的印象，適合充
當優雅的裝飾性香氣。

美食調

可可

Theobroma cacao 梧桐科

| 部位 | 豆 | 製程 | 溶劑萃取法 | 狀態 | 原精（有黏性）—棕褐色 |
| 主要產地 | 象牙海岸 |

| 稀釋率 | 10% | 成分 | 油酸、硬脂酸 |

| 參考香水 | KoKoRico／Jean Paul Gaultier |

可可精油擁有巧克力的苦甜香氣，可以襯托木質調香氣、調製風格不甜的男性香
水，也很適合用來展現原創性。

咖啡

Coffea arabica 茜草科

| 部位 | 豆 | 製程 | 溶劑萃取法 | 狀態 | 原精—棕色 | 主要產地 | 非洲 |

| 稀釋率 | 5% | 成分 | 天門冬胺酸、咖啡酸、亞麻油酸 |

參考香水　A＊men／Thierry Mugler

咖啡精油充斥著我們熟悉的咖啡香。一點點的皮革調加上些微的苦澀，最適合用來調製充滿野性氣息、瀟灑俐落的美食調香水。

香草

Vanilla planifolia 蘭科

部位　**豆莢**　製程　**溶劑萃取法**　狀態　**原精（有黏性）─棕褐色**
主要產地　**馬達加斯加**

稀釋率　**1%**　　成分　**香草醛、香草酸、對羥基苯甲酸**

參考香水　Manifesto／Yves Saint Laurent

香草不只擁有獨一無二的甜美風味，還具有皮革調、動物調的一面，豐厚的香氣之中仍可以感到一絲細膩。香草和廣藿香同為調配東方調香氣的必要香料。

蜂蠟

———

部位　**蜂巢**　製程　**溶劑萃取法**　狀態　**原精（蠟狀）─棕褐色**
主要產地　**法國、西班牙**

稀釋率　**10%**　　成分　**棕櫚酸、次亞麻油酸、亞麻油酸**

參考香水　Seville a l'Aube／L'Artisan Parfumeur

從蜂巢提煉的蜂蠟精油，香氣彷彿甜巧克力那樣馥郁而深厚。另外也帶有類似水果香、蜂蜜、菸草、金合歡、花朵的香氣。

琥珀調

香脂

勞丹脂

Cistus ladaniferus 半日花科

部位　**樹脂**　製程　**溶劑萃取法**　狀態　**原精、樹脂（有黏性）─棕褐色**
主要產地　**法國、西班牙**

稀釋率　**1%**　　成分　**乙酸苄酯、苯甲酸苄酯**

參考香水　Ambre Sultan／Serge Lutens

勞丹脂是以溶劑萃取岩玫瑰所得到的產物，具有十分濃郁的香脂類香氣，還帶點皮革調的厚重感。勞丹脂搭配香草可以調出印象強烈的琥珀調香水。

紅沒藥   *Commiphora erythraea* 橄欖科

部位	樹脂	製程	蒸汽蒸餾法、溶劑萃取法

狀態　精油、樹脂（有黏性）—棕褐色　　主要產地　東非

稀釋率　10%　　成分　順式-α-香檸檬烯、α-檀香烯、β-沒藥烯

參考香水　Voile d'Ambre／Yves Rocher

紅沒藥的香氣非常穩重，類似梔子花和蘑菇的香脂類氣味可以調出圓潤的琥珀調香氣。

香草

祕魯香脂   *Myroxylon pereirae* 豆科

部位　樹脂　製程　蒸汽蒸餾法、溶劑萃取法

狀態　精油、樹脂（有黏性）—棕褐色　　主要產地　哥倫比亞、委內瑞拉

稀釋率　10%　　成分　苯甲酸苄酯、桂皮酸苄酯

參考香水　George／Jardin d'Écrivains

祕魯香脂的香氣很特別，帶點黏稠感與類似橄欖的深厚感，但又有一股香草般的甜美，調香時可以用來表現穩重的感覺。

吐魯香脂   *Myroxylon balsamum* 豆科

部位　樹脂　製程　溶劑萃取法　　狀態　原精、樹脂（有黏性）—棕褐色

主要產地　哥倫比亞、委內瑞拉

稀釋率　10%　　成分　苯甲酸苄酯、桂皮酸乙酯

參考香水　Patchouli／Reminiscence

吐魯香脂辛辣中帶點甘甜，厚重的香氣令人聯想到香草。調香時可用於建構花香調和東方調香氣，搭配廣藿香還可以近一步增加層次。

安息香   *Styrax tonkinensis* 安息香科

部位　樹脂　製程　溶劑萃取法　　狀態　樹脂（黏稠狀～固態）—棕褐色

主要產地　泰國

稀釋率　10%　　成分　苯甲酸、苯甲酸苄酯、香草醛

參考香水　Candy／PRADA

安息香的香氣甜美且深邃，既有樹脂類香氣又有糖果般的甜美，可以增添香水的圓融感並延長持續時間。

爽身粉調

蠟菊

Helichrysum angustifolium 菊科

部位	花葶	製程	蒸汽蒸餾法、溶劑萃取法

狀態　精油、原精（半固態）—黃色　主要產地　法國

稀釋率　1%　成分　乙酸橙花酯、γ-薑黃烯

參考香水　Sables／Annick Goutal

蠟菊的前調有種類似烈酒的琥珀調香氣，接著慢慢轉換成乾草似的爽身粉調香氣。適合加入花香調或西普調香水以增強印象。

鳶尾花

Iris pallida 鳶尾科

部位　球根　製程　蒸汽蒸餾法、溶劑萃取法

狀態　原精、凝香體、樹脂（固態）—白色

主要產地　義大利、中國

稀釋率　1%　成分　肉豆蔻酸、γ-鳶尾酮、α-鳶尾酮

參考香水　Infusion D'iris／PRADA

鳶尾花雖然歸類在爽身粉調，但也擁有高雅的花香。用於調香可以帶動其他香氣，延長發香時間。

德國洋甘菊

Matricaria chamomilla 菊科

部位　全株　製程　蒸汽蒸餾法　狀態　精油—濃藍色　主要產地　埃及

稀釋率　10%　成分　α-甜沒藥萜醇氧化物、母菊天藍烴、反式-β-金合歡烯

參考香水　Shine My Rose／Heidi Klum

德國洋甘菊的香氣細膩、柔軟、平靜。精油帶點乾草香，而且呈現青藍色，所以德國洋甘菊在法國又稱作Chamomile Blue。調香時需要慎選搭配的材料，以免破壞其本身的香氣。

胡蘿蔔籽

Daucus carota 繖形科

部位 種子　製程 蒸汽蒸餾法　狀態 精油─黃色　主要產地 法國

稀釋率 1%　成分 胡蘿蔔醇、胡蘿蔔烯、胡蘿蔔腦

參考香水 Dior Homme／Dior

胡蘿蔔籽擁有胡蘿蔔獨特的鮮嫩果香，同時也具備擴散能力超群的爽身粉調香氣。調香時可以增添可愛感與原創性。

零陵香豆

Dipteryx odorata 豆科

部位 豆　製程 溶劑萃取法　狀態 原精、樹脂（半固態）─棕褐色
主要產地 委內瑞拉

稀釋率 1%　成分 香豆素、3,4- Dihydrocoumarin

參考香水 Tonka Imperiale／Guerlain

零陵香豆的香氣有點像乾草，溫和又帶點甜美，而且因含有大量香豆素，所以能用來組織馥奇調。調香時適合用於增加香水的深度與持續時間。

麝香調

黃葵籽

Abelmoschus moschatus 錦葵科

部位 種子　製程 蒸汽蒸餾法　狀態 精油─黃色　主要產地 印度、爪哇

稀釋率 1%　成分 乙酸金合歡酯、黃葵內酯、金合歡醇

參考香水 Hiris／Hermès

黃葵籽擁有類似動物性香料的濃厚香氣，調香時可以增加整體香氣的厚重感與持續性。

PROFILE

新間美也（Shinma Miya）

調香師。1997年她遠渡巴黎求教於法國調香師第一人莫尼克‧休蘭傑（Monique Schlienger）。自2000年以「Miya Shinma」之名於樂蓬馬歇百貨（Le Bon March ）展出作品後，便待在巴黎持續創作香氣作品。她也協助自己過去就讀的香水學校創建日本分校「Cinquieme Sens Japan」，並創立工作室「AROMES & PARFUMES PARIS」，持續推廣香氣的魅力、舉辦調香課程。
另著有《香水的黃金法則》、《戀愛從香氣開始》（皆為暫譯）。

TITLE

天然精油調香學

STAFF   ORIGINAL JAPANESE EDITION STAFF

出版	瑞昇文化事業股份有限公司	裝幀	藤田知子
作者	新間美也	裝丁画	ホリベユカコ
譯者	沈俊傑	本文イラスト	ホリベユカコ

總編輯	郭湘齡
責任編輯	張聿雯
美術編輯	許菩真
排版	二次方數位設計　翁慧玲
製版	印研科技有限公司
印刷	龍岡數位文化股份有限公司

法律顧問	立勤國際法律事務所　黃沛聲律師
戶名	瑞昇文化事業股份有限公司
劃撥帳號	19598343
地址	新北市中和區景平路464巷2弄1-4號
電話	(02)2945-3191
傳真	(02)2945-3190
網址	www.rising-books.com.tw
Mail	deepblue@rising-books.com.tw

初版日期	2022年10月
定價	680元

國家圖書館出版品預行編目資料

天然精油調香學/新間美也作；沈俊傑譯. -- 初版. -- 新北市：瑞昇文化事業股份有限公司, 2022.10
208面；14.8x21公分
ISBN 978-986-401-581-8(平裝)

1.CST: 香精油 2.CST: 芳香療法

346.71   111014215

國內著作權保障，請勿翻印／如有破損或裝訂錯誤請寄回更換
[SHIMPAN] AROMA CHOKO LESSON
CHOKO SHI GA OSHIERU ORIGINAL KOSUI NO TSUKURIKATA
Copyright © Miya Shinma 2021
Chinese translation rights in complex characters arranged with HARA SHOBO
through Japan UNI Agency, Inc., Tokyo